"十二五"职业教育国家规划教材

图形图像处理

总主编 杨 华 李卫东
主 编 尤凤英 刘洪海 肖仁锋

北京出版社
山东科学技术出版社

编审委员会

主 任 委 员 杜德昌　李卫东

副主任委员 白宗文　许文宪　苏　波

委　　　员（按姓氏笔画排列）

王晓峰　王　谦　尤凤英　邓学强　白妍华

刘洪海　刘益红　齐中华　李　峰　张砚春

陈悦丽　苑树波　周佩锋　赵立军　高　岩

商和福　焦　燕

编写说明

　　随着科技和经济的迅速发展,互联网已成为生产和生活必不可少的一部分,社会、行业、企业对网站建设与管理人才的需求也与日俱增。如何培养满足企业需求的人才,是职业教育所面临的一个突出而又紧迫的问题。目前中职教材普遍存在理论偏重、偏难以及操作与实际脱节等弊端,突出的是以"知识为本位"而不是以"能力为本位"的理念,与就业市场对中职毕业生的要求相左。

　　为进一步贯彻落实全国教育工作会议精神、《国务院关于加快发展现代职业教育的决定》(国发[2014]19号)、《现代职业教育体系建设规划(2014-2020年)》(教发[2014]6号),北京出版社联合山东科学技术出版社结合网站建设与管理各中职学校发展现状及企业对人才的需求,在市场调研和专家论证的基础上,打造了反映产业和科技发展水平、符合职业教育规律和技能人才培养要求的专业教材。

　　本套专业教材以该专业教学标准及教学课程目标为指导思想,以中职学生实际情况为根据,以中职学校办学特色为导向,与具体的专业紧密结合,按照"基于工作流程构建课程体系"的建设思路(单元任务教学)编写,根据网站建设与管理的总体发展趋势和企业对高素质技能型人才的要求,构建与网站建设管理专业相配套的内容体系。本系列教材涵盖了专业核心课的各个方向。

　　本套教材在编写过程中着力体现了模块教学理念和特色,即以素质为核心、以能力为本位,重在知识和技能的实际灵活应用;彻底改变传统教材的以知识为中心、重在传授知识的教育观念。为了完成这一宏伟而又艰巨的任务,我们成立了教材编写委员会,委员会的成员由具有多年职业教育理论研究和实践经验的教育行政人员、高校教师和行业企业一线专业人士担任。从选题到选材,从内容到体例,都以职业化人才培养目标为出发点,制定了统一的规范和要求,为本套教材的编写奠定了坚实的基础。

　　本套教材的特点具体如下:

一、教学目标

　　在教材编写过程中明确提出以教育部"工学结合,理实一体"为编写宗旨,以培养知识与技能为目标,避免就理论谈理论、就技能教技能,要做到有的放矢。打破传统的知识体系,将理论知识和实际操作合二为一,理论与实践一体化,体现"学中做"和"做中学"。让学生在做中学习,在做中发现规律、获取知识。

二、教学内容

一方面根据教学目标综合设计新的知识能力结构及其内容，另一方面还要结合新知识、新技术的发展要求增删、更新教学内容，重视基础内容与专业知识的衔接。这样学生能更有效地建构自己的知识体系，更有利于知识的正迁移。让学生知道"做什么""怎么做""为什么"，使学生明白教学的目的，并为之而努力，这才能切实提高学生的思维能力、学习能力、创造能力。

三、教学方法

教材教法是一个整体，在教材中设计"单元—任务"方式，通过案例载体来展开，以任务的形式进行项目落实。每个任务以"完整"的形式体现，即完成一个任务后，学生可以完全掌握相关技能，以提升学生的成就感和兴趣。体现以学生为主体的教学方法，做到形式新颖。通过"教、学、做"一体化，按教学模块的教学过程，由简单到复杂开展教学，实现课程的教学创新。

四、编排形式

教材配图详细、图解丰富、图文并茂，引入的实际案例和设计等教学活动具有代表性，既便于教学又便于学生学习；同时，教材配套有相关案例、素材、配套练习及答案光盘以及先进的多媒体课件，强化感性认识、强调直观教学，做到生动活泼。

五、编写体例

每个单元都是以任务驱动、项目引领的模块为基本结构。具体栏目包括任务描述、任务目标、任务实施、任务检测、任务评价、相关知识、任务拓展、综合检测、单元小结等。其中，"任务实施"是教材中每一个单元教学任务的主题，充分体现"做中学"的重要性，以具有代表性、普适性的案例为载体进行展开。

六、专家引领，双师型作者队伍

本系列教材由北京出版社和山东科学技术出版社共同组织国家示范中等职业学校双师型教师编写，参加的学校有中山市中等专业学校、山东省淄博市工业学校、滨州高级技工学校、浙江信息工程学校、河北省科技工程学校等，并聘请山东省教研室主任助理杜德昌、山东师范大学教授刘凤鸣担任教材主审，感谢浪潮集团、星科智能科技有限公司给予技术上的大力支持。

本系列教材，各书既可独立成册，又相互关联，具有很强的专业性。它既是网站建设与管理专业教学的强有力工具，也是引导网站建设与管理专业的学习者走向成功的良师益友。

前　言

本书以职业岗位综合技能和素质培养为主线,根据实践经验对图形图像处理及相关的美学基础知识在网页设计中的作用进行了阐述,帮助用户理解网页设计与创意的基本要求,熟悉网页设计中常用图形图像处理业务的规范要求与表现手法,本书选取图形图像处理的主流软件 Photoshop 进行实际操作,并详细介绍了如何利用该软件进行图形绘制、图文编辑、图像处理等业务的具体方法。

本书具备以下特点:

1. 以工作过程为导向,教学单元选取与网页设计应用紧密结合

本书将 Photoshop 软件的使用技巧与网页设计应用领域紧密结合,选取网页设计中最常用的六个项目为研究方向,将软件的使用功能贯穿在项目的实现过程中,使学生在学习软件知识的同时熟悉网页设计相关业务的规范、流程及要求,不断提高美术修养和设计能力。

2. 任务编写体现行动导向理念,项目模块注重实践性和创新性

项目下设不同的工作任务,包括任务描述、任务目标、任务分析、任务实施、任务评价及相关知识与综合测试,使学生在完成实例的同时,提高分析、对比、迁移知识的能力,培养学生主动思考、自主探索及创新能力。

3. 任务选取注重普适性、代表性

教学任务的编写将理论知识和实际操作合二为一,在实践操作中完成任务,发现规律,获取知识。案例设置遵循学生的学习规律,全面介绍 Photoshop CS5 中文版的基本操作方法和图像处理技巧。

4. 教材内容以"专业标准"为纲,同时涵盖等级考试相关内容

教材的内容编写以中等职业学校网站建设与管理专业教学标准为依据,教学任务选取紧扣网页设计实际工作需要,同时结合计算机等级考试中 Photoshop 的相关技能知识,增强教材的实用性。

本书由尤凤英、刘洪海、肖仁锋担任主编,王新春、王娟、李超、神伟、张一倩、牛曼冰担任副主编,贾强、刘晓玲、王冰、李娟、张妍、王顺强参与了编写工作。

由于编者水平有限,编写时间仓促,疏漏之处在所难免,恳请读者批评指正。

编　者

目 录
CONTENTS

第一单元　网站背景制作

单元概述

　　网页是构成网站的基本元素，是承载各种网站应用的平台。网页的构成元素主要包括 logo、导航栏、广告条、色彩、文本、图片、动画和背景等基本内容。

　　在网页设计演化的过程中，网页风格的变化十分明显，其中背景就是一个主要变化的元素。背景决定了网站的主题，正确的背景可以为整个网站确定基调，可以更好地体现网站的风格，是决定网站视觉效果的核心特征之一。

　　在网页背景的基本结构中，有 3 种比较常用，分别为主背景、内容背景和头部背景。其中，主背景是最为底层的背景，经常是图片、图案、材质或者其他图形元素；内容背景是文本、图案以及其他基本数据或信息的背景；头部背景是网页最上方头部信息的背景，图案、图片、材质以及颜色都适用于头部背景。背景设计有一些共同的要素：内容应该有目的性、与品牌风格一致、背景之上的文字内容应该易于阅读、背景的主题在整个网站内应该连贯一致。

　　本单元以在照片中裁剪头部背景、设置良好的色彩过渡为例，介绍了网页背景图片的制作过程，保证了图片美感的同时也压缩了图片的存储空间，保证背景能很快下载，不影响网页的打开速度。

　　本单元着重介绍 Photoshop 软件的界面、基本操作及基础美学知识，具体包括数字化图像基础、Photoshop CS5 的安装与卸载、Photoshop CS5 的启动与退出、Photoshop CS5 的工作界面、设置工作区域、查看图像、使用辅助工具、Photoshop CS5 首选项；图像文件的基本操作、裁剪图像、拷贝、粘贴、清除图像、移动图像、变换图像、设置颜色、更改图片的存储方法等知识点。

学习任务 *1* 裁剪图像

任务描述

设计公司要为某旅游公司制作网站,旅游公司对首页背景制作提出了明确的要求,要求背景能显示自己城市的地貌特征,以吸引更多旅行者前往观光。小王是网页设计公司的见习助理员,设计师要求小王在客户提供的照片中选择合适的素材,裁剪出适合做网页头部背景的图片。

任务目标

- 能根据用户需要选定图片素材,理解素材选取的重要性
- 熟悉 Photoshop CS5 的软件环境,会基本的文件操作
- 能利用"裁切"工具对素材图片进行裁切
- 会更改图片文件的存储容量

任务分析

选取合适素材。在选择素材时,要理解照片和网站主题的关系。本任务中选择视野开阔、漂亮迷人的照片比较适合展现地理风貌特点,另外,宽广的图片可以传达出空间感及真实感。

发掘焦点。观察图片,发现一个合适的焦点。裁剪照片时选择具有强烈中心焦点的图片,可以形成一个视觉焦点,使用户在观看网页时有明确的起点。

裁剪图片。设定宽度大约为22英寸的区域后,剪切照片并保存为新文件。

任务实施

一、任务准备

1. 找到"配套素材文件"|"单元一"文件夹,确保可以浏览客户提供的素材。
2. 确保电脑安装 Photoshop CS5 软件版本。

二、任务实施

1. 执行【开始】|【程序】命令,单击 Adobe Photoshop CS5 启动软件,如图 1-1 所示。

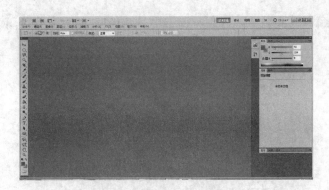

图1-1 Photoshop CS5 界面

2. 单击【文件】|【打开】命令，弹出"打开文件"对话框，如图1-2所示。

图1-2 "打开文件"对话框

3. 单击"查找范围"对话框，找到"配套素材文件"|"单元一"文件夹，选中"风景1.jpg"文件，单击"打开"按钮，打开图片，软件界面如图1-3所示。

图1-3 软件界面

4.单击【视图】|【标尺】命令,在文档窗口中显示标尺,如图1-4所示。

图1-4 打开标尺的文档窗口

5.移动鼠标到顶端标尺位置,单击鼠标向下拖动创建一条水平方向的参考线,参考线为3.6厘米处;以同样方法在7.8厘米处建第二条参考线,如图1-5所示。

图1-5 创建参考线的文档窗口

特别提示

移动参考线。选中移动工具 ,按住Ctrl键把鼠标放到想要移动的参考线上,当鼠标变成 时可以移动参考线。

6.在工具箱中选择裁剪工具 ,在上方参考线与图片交叉处单击鼠标,沿对角线方向向下拖动鼠标,至下方参考线与图片交叉处松开鼠标,创建矩形裁剪区域,如图1-6所示。

图1-6 裁剪区域

7. 双击鼠标,完成裁剪命令,如图 1 - 7 所示。

图 1 - 7 完成裁剪的文档

8. 执行【文件】|【存储为】命令,弹出"存储为"对话框,如图 1 - 8 所示。

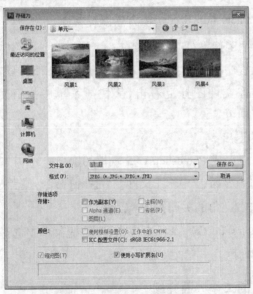

图 1 - 8 "存储为"对话框

9. 在"文件名"对话框中输入"风景素材",单击"保存"命令,完成图片的裁剪工作。

三、任务检测

打开"配套素材文件"|"单元一"文件夹,查看是否存在"风景素材"图片;打开"风景素材"文件,观察图片是否有良好的视觉焦点。

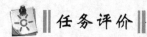

任务评价

评价项目	评价要素
裁切的图片宽度	接近或大于 1 002 px,适合宽屏显示
裁切的图片选取	有居中的视觉焦点,适合做头部背景

相关知识

一、Photoshop CS5 的启动和退出

在使用软件之前,首先应学会启动和退出软件的操作方法。启动和退出 Photoshop CS5 的方法有很多种,下面将分别介绍。

1. Photoshop CS5 的启动

以下四种方式都可以启动 Photoshop CS5 软件。

(1)在桌面上双击 Photoshop CS5 快捷方式图标 。

(2)双击 PSD 格式的图像文件。

(3)执行【开始】|【程序】命令,找到 Adobe Photoshop CS5,单击即可。

(4)在任意一个图像文件图标上右击,从快捷菜单中执行"打开方式"命令,选择 "Adobe Photoshop CS5"即可。

2. Photoshop CS5 的退出

以下四种方式都可以完成 Photoshop CS5 软件的退出。

(1)在 Photoshop CS5 界面中,执行【文件】|【退出】命令,或者按 Ctrl + Q 快捷键。

(2)在界面中,单击右上角的关闭按钮 。

(3)在任务栏的 Photoshop CS5 图标上右击,在快捷菜单中选择"关闭窗口"。

(4)按 Alt + F4 快捷键。

二、Photoshop CS5 的工作界面介绍

Photoshop CS5 分为标准版和扩展版两个版本。扩展版增添了创建、编辑 3D 和基于动画内容的突破性工具。在此,我们主要介绍标准版工作界面。

1. Photoshop CS5 的工作界面

Photoshop CS5 的工作界面包含程序栏、菜单栏、工具选项栏、选项栏、工具箱、文档窗口、状态栏、面板等组件,如图 1 - 9 所示。

(1)程序栏:可以调整 Photoshop 窗口大小,将窗口最大化、最小化、关闭,还可以直接访问 Bridge、切换工作区、显示参考线、网格等。

(2)菜单栏:包含可以执行的各种命令,单击菜单名称可以打开相应的菜单,每个命

令后面标注了执行该命令所对应的快捷方式。

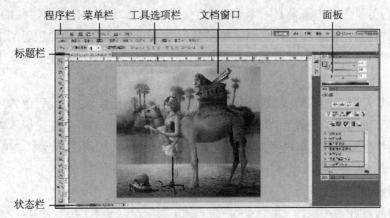

图 1-9 Photoshop CS5 的工作界面

(3)工具箱：包含用于执行各种操作的工具。

(4)工具栏选项：设置每个工具的各种选项，它会随着所选工具的不同而不同。

(5)标题栏：显示文档名称、文件格式、窗口缩放比例和颜色模式等信息。如果文档包含多个图层，还会显示当前工作图层的名称。

(6)选项栏：打开多个图像时，它们会最小化到选项栏中，单击各个文件的名称即可显示相应文件。

(7)文档窗口：显示和编辑图像的区域。

(8)面板：帮助用户编辑图像，有的用来设置编辑内容，有的用来设置颜色属性，可以打开【窗口】菜单进行设置。

(9)状态栏：显示文档大小、文档尺寸、当前工具和窗口缩放比例等信息。

2.工具箱

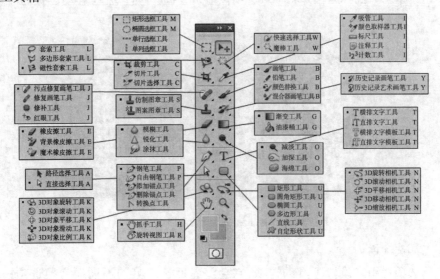

图 1-10 Photoshop 工具栏及工具分类

Photoshop CS5 的工具箱包含了用于创建和编辑图像的各种工具按钮。组与组之间用直线隔开;当工具图标右下角有一个三角形时,表示该项目中还有多个隐藏的工具,在该图标上按住鼠标右键不放,会弹出隐藏的工具列表,将鼠标指针移动到想要的工具上单击鼠标左键,即可将隐藏的工具更改为当前工具。Photoshop 工具栏及工具分类如图 1 - 10 所示。

单击工具箱顶部的双箭头 可以将工具箱切换为单排或双排显示,单排工具箱可以为文档窗口节省更多的空间。默认情况下,工具箱停放在窗口左侧,将光标放在工具箱顶部的双箭头按钮 右侧,单击并向右侧拖动鼠标,可以将工具箱从停放中拖出,放在窗口的任意位置。

3.文档窗口

如果同时打开多个图像,各个文档窗口会以选项栏的形式显示,单击一个文档的名称,即可将其设置为工作窗口。按下 Ctrl + Tab 键,可以按照前后顺序切换窗口;按下 Ctrl + Shift + Tab 键,可以按照相反的顺序切换窗口,如图 1 - 11 所示。

图 1 - 11　文档选项栏

单击一个窗口的标题栏并将其从选项栏拖出,就成为可以任意移动位置的浮动窗口,如图 1 - 12 所示。

图 1 - 12　浮动窗口

4.工具选项栏

工具选项栏用来设置工具的选项,它会随着所选工具的不同而变换选项内容。图 1 - 13 为仿制图章工具 的选项栏。工具选项栏的一些设置对很多工具都是通用的,下面介绍一下工具选项栏中的通用的选项含义。

图 1-13　仿制图章工具选项栏

（1）工具选项栏中的通用选项的含义

1）菜单箭头 ▼：单击该按钮，可以打开一个下拉菜单，如图 1-14 所示。

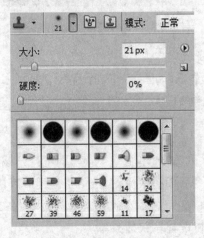

图 1-14　画笔下拉菜单

2）文本框：在文本框中单击，输入数值并按下回车键即可调整数值。如果文本框旁边有 ▶ 按钮，则单击该按钮，可以显示一个滑块，拖动滑块也可以调整数值。

3）下拉列表 模式：正常 ▼：单击该按钮，可以打开一个下拉菜单，用户可以选择任意选项。

（2）隐藏/显示工具选项栏

执行【窗口】|【选项】命令，可以隐藏或显示工具选项栏。

（3）移动选项工具栏

单击并拖动工具选项栏最左侧图标，可以将它从停放中拖出，成为浮动选项栏，如图 1-15 所示。将其拖回菜单栏下面，当出现蓝色条时放开鼠标，可重新停放到原处。

图 1-15　移动工具栏

（4）创建和使用工具预设

在工具选项栏中，单击工具图标右侧的 ▼ 按钮，可以打开一个下拉面板，面板中包含了各种工具预设，图 1-16 为裁剪工具 的工具预设。

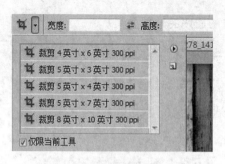

图 1-16　裁剪工具预设

5.菜单

Photoshop CS5 有 11 个菜单,如图 1-17 所示。

文件(F)　编辑(E)　图像(I)　图层(L)　选择(S)　滤镜(T)　分析(A)　3D(D)　视图(V)　窗口(W)　帮助(H)

图 1-17　菜单

每个菜单内都包含一系列命令,单击一个菜单即可打开该菜单,选择菜单中的一个命令即可执行该命令,如果命令后面有快捷键,按下快捷键可以快速执行该命令。有些命令只提供了字母,可以按下 Alt 键 + 主菜单字母执行该命令,在文档窗口的空白处、在一个对象或在面板上单击右键,可以显示快捷菜单。

6.面板

Photoshop 中包含了 20 多个面板,在【窗口】菜单中可以选择需要的面板将其打开。默认情况下,面板以选项栏的形式成组出现,停靠在窗口右侧,如图 1-18 所示。

图 1-18　面板组

单击一个面板的名称即可将该面板设置为当前面板,同时显示面板中的选项,如图1-19所示。

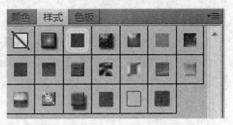

选中一个面板的名称,将其从面板组拖至窗口的空白位置处,松开鼠标即可将其移出面板组,成为浮动面板。

将一个面板的名称拖动到另一个面板的标题栏上,当出现蓝色框时松开鼠标,可以将它与目标面板组合。

图1-19 切换面板

如果面板的右下角有 ▦ 按钮,则拖动该按钮可以调整该面板的大小,单击面板右上角的 ▾▤ 按钮,可以打开面板菜单,菜单中包含了与当前面板相关的各种命令。

在一个面板的标题栏上右击,在快捷菜单中选择"关闭"命令,可以关闭该面板;选择"关闭选项栏组"命令,可以关闭该面板组,如图1-20所示。

对于浮动面板,可单击它右上角的 ✕ 按钮将其关闭,如图1-21所示。

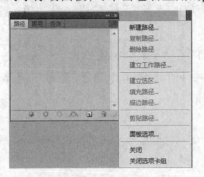

图1-20 面板菜单

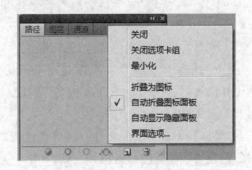

图1-21 关闭面板

各个面板用户可以在需要时打开,不需要时可将其隐藏,以便节省窗口空间。

7. 状态栏

状态栏位于文档窗口的底部,可以显示文档窗口的缩放比例、文档大小、当前使用的工具等信息。单击状态栏中的 ▶ 按钮,可以在打开的菜单中选择状态栏的显示内容,如图1-22所示。

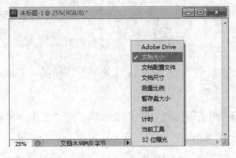

图1-22 状态栏菜单

8. 程序栏

程序栏位于 Photoshop 窗口最顶部，提供了一组按钮，如图 1-23 所示。

图 1-23 程序栏

9. 查看图像

Photoshop 提供了用于切换屏幕模式以及缩放工具、抓手工具、"导航器"面板和各种缩放窗口的命令，方便我们在编辑图像时查看图像。

（1）屏幕显示模式

单击程序栏中的 ▣ 按钮，或者执行【视图】|【屏幕显示模式】命令，在弹出的下拉菜单中可以进行屏幕显示模式的选择。

1）标准屏幕模式：默认的屏幕模式，可以显示菜单栏、标题栏、滚动条和其他屏幕元素。

2）带有菜单栏的全屏模式：显示菜单栏和 50% 灰度背景，无标题栏和滚动条的全屏窗口。

3）全屏模式：显示黑色背景，无标题栏、菜单栏和滚动条的全屏窗口。

按下 F 键可以在各个屏幕模式间来回切换。按下 Tab 键可以显示/隐藏工具箱、面板、工具选项栏；按下 Shift + Tab 键可以隐藏/显示面板。

（2）排列窗口中的图像文件

如果打开了多个图像文件，可以执行【窗口】|【排列】命令，在打开的下拉菜单中进行选择，控制各个图像窗口的排列方式，如图 1-24 所示。

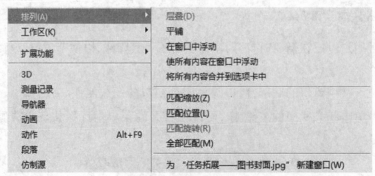

图 1-24 窗口的排列

1）层叠：从工作区的左上角到右下角以堆叠和层叠的方式显示浮动的图像窗口，如图 1-25 所示。

2）平铺：以靠近工作区四个边框的方式显示窗口。关闭一个图像文件时，其他窗口会自动调整大小，以填满整个空间。

3）在窗口中浮动：图像可以自由浮动，可拖动标题栏移动窗口位置。

4）使所有内容在窗口中浮动：使所有图像窗口都浮动。

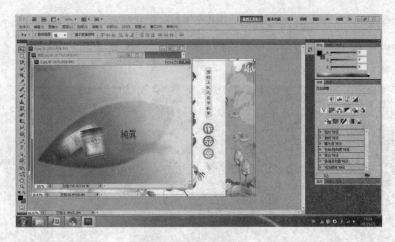

图1-25 层叠效果

按下程序栏 按钮,可以在下拉菜单中选择一种文档窗口的排列方式,如图1-26所示。

图1-26 排列方式菜单

(3)使用缩放工具 调整窗口比例

利用"缩放"工具可以将图像按比例放大或缩小显示,图1-27为缩放工具的选项栏。

图1-27 缩放工具选项栏

按下 按钮后,单击鼠标可以完成放大的操作;按下 按钮后,单击鼠标可以完成缩小的操作。

选择"缩放"工具 🔍，在图像窗口中单击，图像将以鼠标光标单击处为中心放大显示一级；如果按住 Alt 键在图像窗口中单击时，图像将以鼠标光标单击处为中心缩小显示一级。放大效果如图 1－28 所示。

图 1－28　单击处缩放

（4）使用抓手工具 ✋ 移动图像

图像放大显示后，如果全幅图像无法在窗口中完全显示，可以利用"抓手"工具 ✋ 在图像中按下鼠标左键拖拽，查看图像的不同区域，如图 1－29 所示。

图 1－29　抓手工具

在使用"抓手"工具时，按住 Ctrl 键或 Alt 键可以暂时切换为"放大"或"缩小"工具；双击"抓手"工具，可以将图像适配至屏幕显示；当使用工具箱中的其他工具时，按住空格键可以将当前工具暂时切换为"抓手"工具。

图 1－30 所示为抓手工具的选项栏。

图 1－30　抓手工具选项栏

(5)使用导航器面板查看图像

单击"窗口"菜单,在下拉列表中选中"导航器",打开"导航器"面板。该面板中包含了图像的缩览图和各种窗口缩放工具,如图1-31所示。

1)⌂按钮:单击该按钮可以完成缩小的操作。

2)⏶按钮:单击该按钮可以完成放大的操作。

3)━━━━①━━━ 滑块:拖动滑块可以放大或缩小窗口。

4)200% 数值输入框:通过在文本框中输入数值也可以直接完成缩放。

5)移动画面:将鼠标移动到图像预览区域,鼠标会变成🖑状,单击并拖动鼠标可以移动画面,红框内的图像会位于文档窗口的中心位置。

(6)窗口缩放命令

选择"视图"菜单中的相应命令也可以对图像进行缩放,如图1-32所示。

图1-31 导航器面板

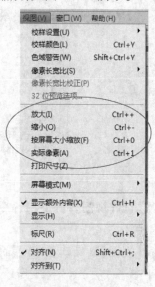

图1-32 视图菜单

10. 使用辅助工具

使用标尺、参考线、网格和注释等辅助工具,可以帮助我们更好地编辑图像。

(1)标尺

标尺可以帮助我们确定图像的位置,执行【视图】|【标尺】命令,或按下Ctrl+R快捷键,可以给文档添加标尺,如图1-33所示。

默认情况下,标尺的原点位于窗口的左上角(0,0),如果要修改原点的位置,可将鼠标在原点上单击,并向右下方拖动,画面中会出现十字线,将它拖放到需要的位置即可。在窗口的左上角双击,即可恢复原点的默认位置。

图 1-33　显示标尺

双击标尺,可以打开"首选项"对话框,在这里可以设置标尺的单位,如图 1-34 所示。

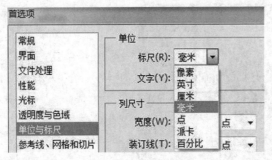

图 1-34　修改标尺刻度单位

再次执行【视图】|【标尺】命令,或按下 Ctrl + R 快捷键,可以隐藏标尺。

(2)使用参考线

执行【视图】|【新建参考线】命令,在打开的对话框中,输入数值,可以创建精确的垂直或水平参考线,如图 1-35 所示。

图 1-35　通过菜单新建参考线

执行【视图】|【锁定参考线】命令,可以锁定参考线的位置,以防止参考线被移动。

执行【视图】|【清除参考线】命令,可以删除所有参考线。

通过单击标尺拖动鼠标的方法也可以创建参考线,将鼠标放在水平标尺上,单击并向下拖动鼠标即可创建一条水平参考线。将鼠标放在垂直标尺上,单击并向右拖动鼠标即可创建一条垂直参考线。

选择移动工具 ,将鼠标放在参考线上,单击并拖动鼠标即可移动参考线。将参考线拖回标尺,即可将其删除。

执行【编辑】|【首选项】|【参考线、网格和切片】命令,在打开的对话框中可以对参考线的颜色、样式进行设置,如图 1-36 所示。

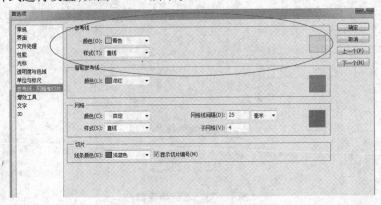

图 1-36　设置参考线颜色、样式

(3)使用网格

执行【视图】|【显示】|【网格】命令,可以显示网格,再执行【视图】|【对齐】|【网格】命令,将启用对齐功能,此后在进行创建选区和移动图像等操作时,对象会自动对齐到网格上。

执行【编辑】|【首选项】|【参考线、网格和切片】命令,在打开的对话框中可以对网格的颜色、样式、网格线间隔、子网格数进行具体参数的设置,如图 1-37 所示。

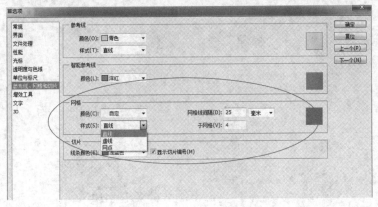

图 1-37　设置网格属性

11. 设置 Photoshop 首选项

执行【编辑】|【首选项】命令,打开的下拉菜单中包含了多个选项,我们可以根据自己的使用习惯来修改 Photoshop 的首选项,如图 1－38 所示。

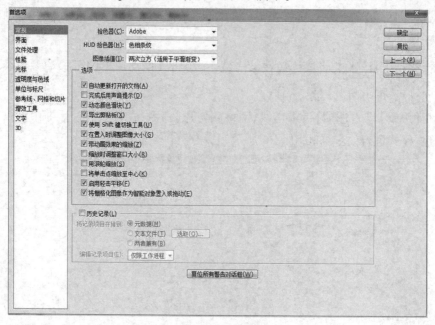

图 1－38　首选项窗口

四、Photoshop 的应用领域

Photoshop 是世界上最优秀的图像编辑软件,它的应用领域十分广泛,不论是平面设计、3D 动画、数码艺术、网页制作、矢量绘图、多媒体制作,还是桌面排版,Photoshop 在每一个领域都发挥着不可替代的重要作用。

1. 在平面设计中的应用

图 1－39　版面设计

平面设计是 Photoshop 应用最广泛的领域,包括广告设计、包装设计、海报招贴、POP、书籍装帧、DM 单、印刷制版等等,如图 1-39、1-40 所示。

图 1-40 海报设计

2. 在插画设计中的应用

使用 Photoshop 的绘画和调色功能可以绘制风格多样的插画。电脑插画作为 IT 时代的先锋视觉表达艺术之一,已经成为新文化群体表达文化意识形态不可或缺的形式,如图 1-41、1-42 所示。

图 1-41 装饰插画

图 1-42 动漫插画

3.在界面设计中的应用

软件界面、游戏界面、手机操作界面、智能家电等,界面设计伴随着计算机、网络和智能电子产品的普及而迅猛发展。界面设计与制作主要是 Photoshop 来完成的,使用 Photoshop 的渐变、图层样式和滤镜等功能可以制作出各种真实的质感和特效,如图 1-43、1-44 所示。

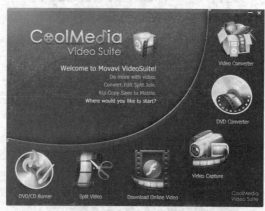

图 1-43 软件界面

图 1-44 操作界面

4.在网页设计中的应用

Photoshop 可用于设计和制作网页页面,将制作好的页面导入到 Dreamweaver 中进行处理,再用 Flash 添加动画内容,便生成互动的网站页面,如图 1-45、1-46 所示。

图 1-45　个性网站

图 1-46　食品网站

5.在数码照片与图像合成中的应用

Photoshop 强大的图像编辑功能,让我们可以随心所欲地对图像进行修改、合成和再加工,制作出充满想象力的作品,如图 1-47、1-48 所示。

图 1-47　照片合成一

图1-48　照片合成二

 学习任务2　创建背景文件

 任务描述

设计师要求小王按网页背景标准尺寸创建文件,满足用户在 1 024×768 的分辨率的状态下观看网页背景可以全屏幕显示,并将裁剪好的图片文件作为图层保存在背景文件中,方便以后进行编辑。

任务目标

- 掌握页面设置大小的规范
- 能在 Photoshop CS5 的环境下执行文件的基本操作,包括新建、打开、保存等内容
- 理解图像的分辨率与图像尺寸的关系
- 能利用"图像大小"命令更改图像的分辨率与图像尺寸

 任务分析

网页设计中对背景尺寸有严格的要求,显示器不同全屏的尺寸也有区别,页面标准按 800×600 分辨率制作,实际尺寸为 778×434 px,在 1 024×768 的状态下,网页宽度保持在 1 002 以内,如果满屏显示的话,高度在 612~615 之间,这样就不会出现水平滚动条和垂直滚动条,页面长度原则上不超过 3 屏,宽度不超过 1 屏。本次任务按照要求应该设置

文件宽度为 1 002 px。

任务实施

一、任务准备

1.确保电脑安装 Photoshop CS5 软件。
2.确保素材文件的尺寸大小在合适范围内。

二、任务实施

1.执行【开始】|【程序】命令,单击 Adobe Photoshop CS5 启动软件。
2.单击【文件】|【新建】命令,弹出"新建"对话框,如图 1 - 49 所示。

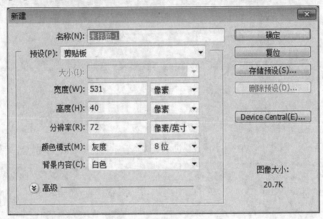

图 1 - 49 "新建"对话框

3.在"名称"文本框中输入"网页背景"文字,将"宽度"文本框的数值改为 1 002 px,高度改为 615 px,颜色模式改为"RGB 颜色",单击"确定"按钮,新建"网页背景"文件。

4.单击【文件】|【打开】命令,打开"打开文件"对话框,打开"风景素材.jpg"文件。

5.在工具箱中选择移动工具,在"风景素材"文件单击鼠标向"网页背景"文件拖动,将"风景素材"文件移动到"网页背景"文件中,如图 1 - 50 所示。

图 1 - 50 网页背景效果图

6.单击选中移动工具  的"显示变换控件"复选框 ，当图片周围出现变换控件时拖动鼠标，工具栏发生变换，如图 1 – 51 所示。

图 1 – 51　工具栏

7.将变换宽度选项 W 设为 103%，高度参数 H 设为 60%，双击鼠标完成图片的缩放，如图 1 – 52 所示。

图 1 – 52　缩放效果图

8.执行【文件】|【存储为】命令，弹出"存储为"对话框，单击"格式"下拉列表，选择 Photoshop(＊. PSD；＊. PDD)，如图 1 – 53 所示，单击"保存"命令，完成文件的存储。

图 1 – 53　"存储为"对话框

三、任务检测

打开"配套素材文件"|"单元一"文件夹,右键单击"网页背景"文件,查看图片类型属性为 PSD 图片文件(.psd)。

 任务评价

评价项目	评价要素
文件存储类型为 Photoshop 专有格式	文件存储格式为.psd 格式
文件缩放	鼠标拖动显示变换控件的顶点缩放图像;使用变换命令缩放文件

 相关知识

一、数字化图像基础

计算机中的图像是以数字方式记录、处理和存储的,这些由数字信息表述的图像被称为数字化图像。计算机图形主要分为两大类,一类是位图图像,另一类是矢量图形。

1. 像素

像素(Pixel)是组成数码图像的最小单位。

2. 分辨率

分辨率是指单位长度内包含的 px 点的数量,它的单位通常为 px/英寸(ppi)。高分辨率图像包含更多的 px 点,所以比低分辨率图像更为清晰。

虽然分辨率越高,图像质量就越好,但高分辨率的文件容量也会增加,文件占用的存储空间也会变大,所以用户要根据图像的实际用途设置合适的分辨率。如果图像用于屏幕显示或者网络,可以将分辨率设为 72 px/英寸;如果用于喷墨打印机打印,可以设置为 100~150 px/英寸;如果用于印刷,则应设置为 300 px/英寸。

3. 位图

位图也叫光栅图、点阵图,是由很多个 px 组成的图像。图像 px 点越多(分辨率越高),图像也就越清晰。由数码相机拍摄的照片、扫描仪扫描的图片,以及在计算机屏幕上抓取的图像都属于位图,Photoshop 是典型的位图处理软件。位图的特点是可以表现色彩的变化和颜色的细微过渡,很容易在不同的软件之间转换;但位图文件占磁盘空间较大,缩小、放大后文件都会失真。位图放大的失真效果如图 1–54 所示。

4. 矢量图

又称向量图,是由图形的几何特性来描述组成的图像。矢量图的特点是文件占磁盘空间较小,在对图形进行缩放、旋转或变形操作时,不会产生锯齿模糊效果,但无法表现丰富的颜色变化和细腻的色调过渡。Illustrator、CorelDraw、Freehand、AutoCAD 等是常用的矢量图作图软件,矢量图放大后的效果如图 1–55 所示。

图 1-54　位图放大　　　　　　　　　　　图 1-55　矢量图放大

5. 颜色模式

颜色模式用于确定显示图像和打印图像时使用的颜色方法,它决定了图像的颜色数量、通道数量、文件大小和文件格式,此外,它还决定了图像在 Photoshop 中是否可以进行某些特定的操作。打开一个图像后,可以在【图像】|【模式】子菜单中选择一个命令,将它转换为需要的颜色模式。颜色模式菜单如图 1-56 所示。

图 1-56　颜色模式菜单

不同的颜色模式有不同的特点,最常用的颜色模式是 RGB 模式和 CMYK 模式。

RGB 模式是一种用于屏幕显示的颜色模式,R 代表了红色,G 代表了绿色,B 代表了蓝色,每一种颜色都有 256 种亮度值,因此,RGB 模式可以呈现 1 670 万种颜色。

CMYK 模式是一种印刷模式,C 代表了青色,M 代表了品红色,Y 代表了黄色,K 代表了黑色。该模式的色域范围比 RGB 模式小,并不是所有屏幕中可以显示的颜色都能够被打印出来,只有在制作用于印刷色打印的图像时,才使用 CMYK 模式。

灰度模式只有灰度色(图像的亮度),没有彩色。

HSB 模式是利用颜色的三要素来表示颜色的,它与人眼观察颜色的方式最接近。H 表示色相(Hue),S 表示色饱和度(Saturation),B 表示亮度(Brightness)。

Lab 模式是由三个通道组成的,是目前所有颜色模式中色彩范围(叫色域)最广的颜色模式。

在 Photoshop 中将那些不能被打印输出的颜色称为溢色。要查看 RGB 图像有没有溢色,可以执行【视图】|【色域警告】命令,如果图像中出现灰色,则灰色所在的区域便是溢色区域;再次执行该命令,可以取消色域警告。

6.文件格式

文件格式用于确定图像数据的存储内容和存储方式,它决定了文件是否与一些应用程序兼容,以及如何与其他程序交换数据。在 Photoshop 中处理图像后,可根据需要选择一种文件格式保存图像,执行【文件】|【存储】命令,如图 1-57 所示。

图 1-57 文件格式列表

(1)PSD 格式:此格式是 Photoshop 的专用格式。它能保存图像数据的每一个细节,包括图像的层、通道等信息,确保各层之间相互独立,便于以后进行修改。PSD 格式还可以保存为 RGB 或 CMYK 等颜色模式的文件,但唯一的缺点是保存的文件比较大。

(2)JPEG 格式:此格式是较常用的图像格式,支持真彩色、CMYK、RGB 和灰度颜色模式,但不支持 Alpha 通道。JPEG 格式可用于 Windows 和 MAC 平台,是所有压缩格式中最卓越的。虽然它是一种有损的压缩格式,但在文件压缩前,可以在弹出的对话框中设置压缩的大小,这样就可以有效地控制压缩时损失的数据量。JPEG 格式也是目前网络可以支持的图像文件格式之一。

(3)GIF 格式:此格式是由 CompuServe 公司制定的,能存储背景透明化的图像格式,但只能处理 256 种色彩。常用于网络传输,其传输速度要比传输其他格式的文件快很多,并且可以将多张图像存储成一个文件而形成动画效果。

（4）PNG 格式：此格式是 Adobe 公司针对网络图像开发的文件格式。这种格式可以使用无损压缩方式压缩图像文件，并利用 Alpha 通道制作透明背景，是功能非常强大的网络文件格式，但较早版本的 Web 浏览器可能不支持。

二、相关工具介绍

1. 移动工具

使用"移动"工具 ，不仅可以在文档中移动图层、选区内的图像，还可以将其他文档中的图像移动到当前文档中。利用"移动"工具移动图像的方法非常简单，在要移动的图像内拖曳鼠标光标，即可移动图像的位置。图 1－58 为移动工具的选项栏。

图 1－58　移动工具选项栏

（1）自动选择：如果文档中包含多个图层或组，勾选该选项后，在下拉列表中选择"组"，表示使用移动工具在文档中单击时，可以自动选择工具下包含 px 的最顶层的图层所在的图层组；如果选择"图层"，表示使用移动工具在文档中单击时，可以自动选择工具下面包含 px 的最顶层的图层。

（2）显示变换控件：勾选该选项后，选择一个对象时，会在图像对象四周出现定界框，我们可以拖动控制点对其进行变换操作，如图 1－59 所示。

图 1－59　显示变换控件

（3）对齐图层：选择了两个或两个以上的图层，可单击相应的按钮将所选图层对齐。分别是顶对齐 、垂直居中对齐 、底对齐 、左对齐 、水平居中对齐 和右对齐 。

（4）分布图层：如果选择了三个或三个以上的图层，可单击相应的按钮使图层按照一定的规则分布。分别是按顶分布 、垂直居中分布 、底分布 、左分布 、水

平居中分布 和右分布 。

2. 变换图像

除了在使用"移动"工具时通过选中"显示变换控件"来变换图像,执行【编辑】|【自由变换】命令,或按下 Ctrl + T 快捷键,或执行【编辑】|【变换】命令,都可以完成对图像的变换。图 1 - 60 为"变换"命令的选项栏。

X: 163.50 px △ Y: 142.00 px W: 100.00% H: 100.00% △ 0.00 度 H: 0.00 度 V: 0.00 度

图 1 - 60 变换命令选项栏

(1) :黑色实心的方框为变换的中心点,点击方框可以完成中心点的修改。

(2) X: 163.50 px :在该文本框内输入数值,可以水平移动对象; Y: 142.00 px :在该文本框内输入数值,可以垂直移动对象。

(3) W: 100.00% :在该文本框内输入数值,可以水平拉伸对象; H: 100.00% :在该文本框内输入数值,可以垂直拉伸对象;如果按下这两个选项中间的 标志,可以在缩放的同时锁定宽高比。

(4) △ 0.00 度 :在该文本框内输入数值,可以旋转对象。

(5) H: 0.00 度 :在该文本框内输入数值,可以水平斜切对象。

(6) V: 0.00 度 :在该文本框内输入数值,可以垂直斜切对象。

三、网页设计标准尺寸规范

1. 在 800 × 600 px 分辨率下,减去垂直滚动条 22 px 的宽度,网页宽度保持在 778 px 以内,高度则视版面和内容决定。

2. 在 1 024 × 768 分辨率下,网页宽度保持在 1 002 px 以内,高度在 612 ~ 615 之间,就不会出现水平滚动条和垂直滚动条。(在 Dreamweaver 里面有设定好的标准值,1 024 × 768 页面的标准大小是 955 × 600)

3. 页面长度原则上不超过 3 屏,宽度不超过 1 屏,每个标准页面为 A4 幅面大小,即 8.5 × 11 英寸。

学习任务3 设置渐变融合效果

任务描述

本任务要处理的文件中,网页背景中头部图片与底色颜色差距过大,设计师要求小王制作一个良好的过渡效果,使两者达成和谐,另外,要使背景文件处理为适合浏览器浏览的低容量图片。

任务目标

- 能利用渐变工具设计线性渐变色
- 能将图片存储为 Web 所用格式
- 能理解美感的十个原则

任务分析

网页背景文件中头部照片与白色背景之间反差过大,要使照片与背景之间良好过渡,要设计相对协调的渐变色填充背景,从而有条件实现图片的淡出效果。另外,网站有浏览速度的要求,所以,在网站中出现的图片尺寸要尽量小,要将高清晰度的大尺寸图片处理为适合浏览器浏览的低容量图片。

任务实施

一、任务准备

1. 确保电脑安装 Photoshop CS5 软件。

2. 观察网站头部图片,找出合适的渐变颜色,确保图片流畅地过渡到一个实色区域。

二、任务实施

1. 单击【文件】|【打开】命令,打开"打开文件"对话框,打开"网页背景.psd"文件。

2. 选择渐变工具,单击工具选项栏中的渐变编辑器按钮 ，弹出"渐变编辑器"对话框,如图 1-61 所示。

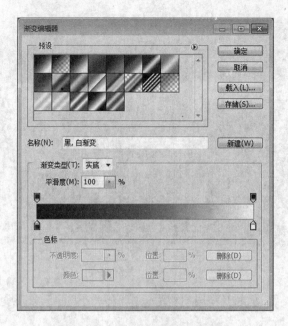

图 1-61 "渐变编辑器"对话框一

3. 单击渐变编辑器最左侧的色标按钮,将鼠标移动到图片的左侧,此时鼠标变为吸管形状,在图层 1 的左下角单击鼠标左键,色标更改颜色为深蓝色;用同样的方法将渐变编辑器右侧的图标颜色改为图层 1 右下角的藏青色,如图 1-62 所示。

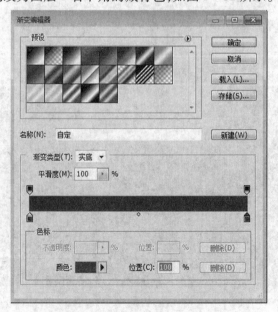

图 1-62 "渐变编辑器"对话框二

4. 单击"确定"按钮。

5. 单击图层面板的"背景"图层,使"背景图层"变为蓝色选中状态。

6. 在文件最左侧单击鼠标,同时按住"Shift"键向右拖动鼠标,直至文件最右侧,松开鼠标后松开"Shift"键,完成渐变色填充,如图 1-63 所示。

图 1-63　效果图

7.选择橡皮擦工具,设置工具选项栏为柔笔刷,大小为 45 px,硬度为 20%,不透明度为 57%,如图 1-64 所示。

图 1-64　工具选项栏

8.在图层面板中单击图层 1,使图层 1 变为蓝色选中状态。

9.在交界处不断单击拖动鼠标,将清晰的边界线擦除,制作背景融合效果,效果如图 1-65 所示。

图 1-65　效果图

10.执行【文件】|【存储为 Web 和设备所用格式】命令,弹出"存储为 Web 和设备所用格式"对话框,如图 1-66 所示。

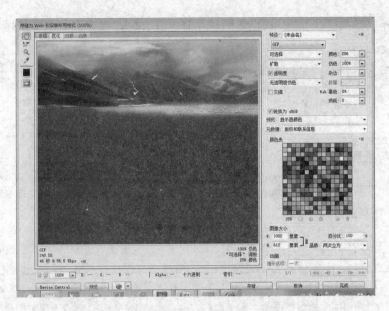

图 1-66 "存储为 Web 和设备所用格式"对话框

11. 单击"预设"下方的文件格式,将默认的"GIF"改为"JPEG"选项,单击"存储"按钮,弹出"将优化结果存储为"对话框,如图 1-67 所示。

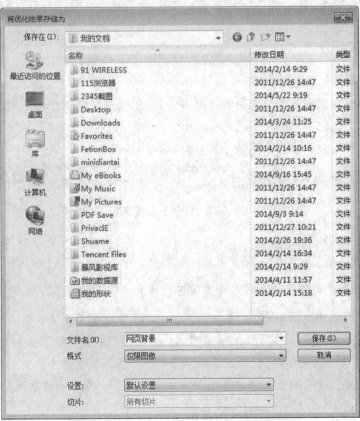

图 1-67 "将优化结果存储为"对话框

12. 选择"保存在"下拉菜单,设置图片存储位置,单击"保存"按钮,完成图片制作。

特别提示

　　在实际的网页制作过程中,网页的背景一般情况下都不是整张的图,而是由小图组拼起来的。在 Photoshop 软件中建立的一般为效果图。

三、任务检测

　　打开"配套素材文件"I"单元一"文件夹,右键单击"网页背景"文件,查看图片"占用空间"属性,观察图片大小已优化为 56kb。

 任务评价

评价项目	评价要素
渐变工具	利用渐变编辑器设定高光、暗调和反光等灰度渐变效果,完成立体图形的制作
橡皮擦工具	设定笔刷硬度等选项完成半透明擦除效果

相关知识

一、相关工具介绍

1. 渐变工具

　　渐变工具可以创建多种颜色间的逐渐混合,产生逐渐变化的色彩。有选区时渐变工具在选区内填充颜色;否则,渐变填充将应用于整个图层。

　　选中工具箱中的渐变工具 ▉▉,其选项栏如图 1-68 所示。

图 1-68　渐变工具选项栏

　　其中各选项含义如下:

　　颜色框:颜色框显示当前的渐变色和渐变类型。单击其右侧下拉列表,可以弹出更多渐变缩略图,在其中可以选择一种渐变颜色进行填充。单击渐变菜单按钮 ⏵,弹出"渐变"菜单,可以载入其他渐变选项;Photoshop 也允许用户自定义渐变图案。

　　渐变样式:"渐变工具"共有 5 种渐变类型,分别是"线性渐变""径向渐变""角度渐变""对称渐变"以及"菱形渐变"。这 5 种渐变类型可以完成 5 种不同效果的渐变填充效果,其中默认的是"线性渐变"。5 种渐变样式的填充效果如图 1-69 所示。

图1-69 渐变样式的填充效果图

反向:选中此选项,渐变颜色将与设置好的颜色顺序相反。

2. 渐变编辑器

单击颜色框,弹出"渐变编辑器",如图1-70所示。

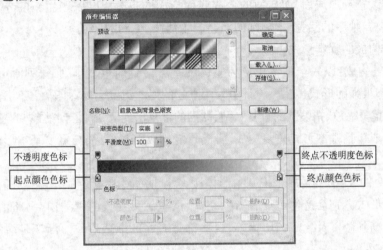

图1-70 "渐变编辑器"对话框

各选项含义如下:

预设:当前状态下所有渐变样式缩略图。

名称:选中渐变缩略图的文字名称。

不透明度色标:单击不透明度色标,"色标"面板高亮显示,可以设置色标的位置和不透明度。在起点与终点不透明色标间的位置单击可以添加不透明度色标,选中不透明度色标后单击"删除"按钮,可删除不透明度色标。

颜色色标:单击颜色色标,"色标"面板高亮显示,可以色标显示的前景色和位置。在起点与终点颜色色标间的位置单击可以添加颜色色标,选中颜色色标后单击"删除"按钮,可删除颜色色标。

3. 自定义渐变

在颜色条中添加色标完成设置后,单击"确定"即可使用当前设置的渐变颜色;如果要保存当前渐变颜色,可以单击"新建"按钮,渐变颜色缩略图将添加到预设窗口。

二、平面构成元素

平面构成是视觉元素在二次元的平面上,按照美的视觉效果和力学的原理进行的编排和组合,它是以理性和逻辑推理来创造形象、研究形象与形象之间的排列的方法,是理性与感性相结合的产物。

1. 平面构成的主要元素

平面构成的主要元素是点、线、面。在图形中往往把不同形状、面积相对较小的形均视为点,点是最小的形象组成元素,任何物体缩小到一定程度都会变成不同形态的点。当画面中有一个点时,这个点会成为视觉的中心,当多个点同时存在时,会产生连续的视觉效果。

线是点移动的轨迹,用线造型是造型艺术之基本,线有粗细、曲直、长短、虚实之分。水平线给人以平和、安静的感觉,斜线则代表了动力和惊险。

线的连续移动形成面,面与面的合成或面与面的重叠、切断,产生新的界面。规则的面给人以简洁、秩序的感觉,不规则的面会产生活泼、生动的感觉。

2. 平面构成的基本形式

(1)重复构成:以一个基本单形为主体在基本格式内重复排列,排列时可做方向、位置变化,具有很强的形式美感。设计中采用重复的形式无疑会加深印象,使主题加以强化。电视广告的重复播放、招贴画的重复张贴、歌词的重复出现等,都能产生强烈的感染力。

重复构成包括基本形式重复构成、骨骼重复构成、重复骨骼与重复基本形的关系以及群化构成等。

(2)渐变构成:渐变构成是把基本形体按大小、方向、虚实、色彩等关系进行渐次变化排列的构成形式。它会产生节奏、韵律、空间、层次感。在人的视线内,马路由大变小、两边的树木由高到矮以及生命的历程等,这些都是有序的渐变现象。渐变是缓和地发生变化,而不是强烈的。

(3)对比构成:对比构成主要是通过形态本身的大小、方向、位置、聚散等方面的对比来产生强烈的视觉效果。

(4)特异构成:特异构成可以突破规律所造成的单调感,形成鲜明的反差,产生一定的趣味性。在特异构成中,特异部分的数量不应过多,并且要将其放在比较显著的位置,形成视觉的焦点。

(5)矛盾空间:矛盾空间在实际空间中是不可能存在的空间,而是一种错视空间。它打破了平面的局限性,利用这种特殊的空间形式能够创造出独特的视觉效果。

(6)肌理构成:肌理是指物体表面的纹理,它是视觉艺术的重要语言要素之一。肌理可分为视觉肌理和触觉肌理两大类,视觉肌理是对物体表面特征的认识,触觉肌理是用手触摸到的感觉。

 ‖单元小结‖

本单元利用制作网站背景的实例,引导用户用美学的角度理解网页背景的功能,掌握网页背景制作的规范及设计原则,熟悉图形图像处理的基本概念及熟练掌握 Photoshop 软件相关工具的基本操作。

成功的网页设计除了功能性的需求,网页美感也是吸引和取悦用户的关键因素。在普通网站上你看到的只是堆砌在一起的信息,用户只能用理性的感受来描述,比如信息量多少,浏览速度快慢等;在有风格的网站上,用户可以获得除内容之外的更感性的认识,比如站点的品位,对浏览者的态度等,其中,图形图像处理在网页设计中有着重要的作用。

综合测试

1. 下列( )工具不属于辅助工具。

A. 参考线和网格线   B. 标尺和度量工具

C. 画笔和铅笔工具   D. 缩放工具和抓手工具

2. 以下( )不是颜色模式。

A. RGB   B. Lab   C. HSB   D. 双色调

3. 构成位图图像的最基本单位是( )。

A. 颜色   B. px   C. 通道   D. 图层

4. 图像窗口标题栏文件名中显示的.tif 和.psd 所代表的是( )。

A. 文件格式   B. 分辨率   C. 颜色模式   D. 文件名

5. 下列哪种格式大量用于网页中的图像制作?( )

A. EPS   B. DCS2.0   C. TIFF   D. JPEG

6. 在 Photoshop 中渐变工具有几种渐变形式?( )

A. 3 种   B. 4 种   C. 5 种   D. 6 种

7. Photoshop 图像分辨率的单位是( )。

A. dpi   B. ppi   C. lpi   D. pixel

8. 在移动图像时,同时按下( )键,可以水平、垂直方向移动图像。

A. Ctrl + C   B. Ctrl   C. Shift   D. Alt

9. Photoshop 默认的文件格式是( )。

A. BMP   B. GIF   C. JPG   D. PSD

10. 下面关于分辨率说法中正确的是( )。

A. 缩放图像可以改变图像的分辨率

B. 只降低分辨率不改变 px 数

C. 同一图像中不同图层分辨率一定不同

D. 同一图像中不同图层分辨率一定相同

第二单元　网站广告条制作

单元概述

　　网站广告条也被称为 Banner，是互联网广告中最基本的广告形式。Banner 可以位于网页顶部、中部或底部任意一处，一般横向贯穿整个或者大半个页面。Banner 在网站中占据比较醒目和具有视觉冲击力的部位，是体现网站思想，表达情感的重要手段。

　　本单元将引导学生完成商业网站中不同形式 Banner 的制作，帮助学生理解不同功能的 banner 在实际设计中的尺寸规范、设计要点；不同的任务设计了不同布局的 banner，引导学生理解构图方法在 banner 设计中的作用，体会不同的构图方法在 banner 设计中的运用原则。在任务的制作过程中，涉及 Photoshop 软件的相关知识包括：理解创建选区的相关工具的特点，能正确区分不同选区创建工具的适用情况；理解选区的编辑及运算；掌握"选择"菜单下相关命令；掌握渐变与油漆桶工具的着色方法。

学习任务 1　垂直 Banner 的制作

任务描述

　　"尚品网"是一家专做时尚女装的商务网站,公司要求设计新的广告条,替换原有电商网站中的垂直宣传广告条,电商网站预留的广告条尺寸为 100×220 px,如图 2-1 所示。本次任务将为"尚品网"设计促销活动的宣传广告,引起用户点击兴趣。

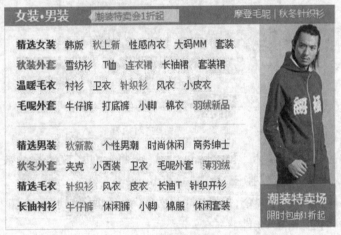

图 2-1　示例图

任务目标

- 能根据用户需要选定图片素材,会更改图片尺寸
- 能利用"渐变"工具创建径向渐变效果
- 能使用矩形选框工具创建固定尺寸选区
- 理解 RGB 色彩模式,能根据颜色标号设定前景及背景颜色

任务分析

　　小尺寸的广告条无法承载太多的图文信息,越简明扼要的设计主题越能迅速地向用户宣传广告目的。设计师要求小王完成简单的广告条设计,素材的选择要符合"尚品网"专做时尚女装的特点,尽量选取靓丽色彩的时装模特,并搭配配合网站宣传的活动标语。

‖任务实施‖

一、任务准备

1. 确保 Photoshop CS5 软件顺利运行。
2. 挑选符合网站特点、能引起用户注意的模特素材文件。

二、任务实施

1. 执行【开始】|【程序】命令，单击"Adobe Photoshop CS5"启动软件。
2. 单击【文件】|【新建】命令，弹出"新建"对话框，如图 2-2 所示。

图 2-2 "新建"对话框

3. 在"名称"文本框中输入"垂直 banner"文字，将"宽度"文本框的数值改为 200 px，高度改为 520 px，单击"确定"按钮，新建"垂直 banner"文件。

4. 单击【文件】|【打开】命令，打开"打开文件"对话框，找到"配套素材文件"|"单元二"文件夹，打开"模特. jpg"文件。

5. 在工具箱中选择"魔术棒"工具，在工具选项栏中设置"容差"值为 32，单击选中"连续"复选框，在模特的背景处单击鼠标，创建选区，如图 2-3 所示。

图 2-3 效果图

6. 执行"选择"|"反选"命令,将选区方向选择。

7. 执行"选择"|"修改"|"羽化"命令,弹出"羽化选区"对话框,如图2-4所示。

图2-4 "羽化选区"对话框

8. 设置"羽化半径"为2 px,单击"确定"按钮。

9. 在工具箱中选择移动工具,在"模特"文件的选区中单击鼠标,向"垂直 banner"文件拖动,将选区内的人物移动到"垂直 banner"文件中。

10. 在移动工具选项栏中选择"显示变换控件"复选框,按住"Shift"键沿顶端向内收缩图片至合适大小,双击鼠标结束变换,效果如图2-5所示。

11. 在工具箱中选择"魔术棒"工具,在工具选项栏中设置"容差"值为10,单击选中"连续"复选框,在模特腿部的背景处单击鼠标,创建选区,如图2-6所示。

图2-5 效果图   图2-6 效果图

12. 执行"选择"|"修改"|"羽化"命令,弹出"羽化选区"对话框,设置"羽化半径"为2 px,单击"确定"按钮。

13. 单击"Delete 键",将选区内容删除,按"Ctrl + D"键取消选区,效果如图2-7所示。

14. 在工具箱中选择"矩形选框"工具,单击工具选项栏中"样式"下拉菜单,选择"固定大小"选项,设置"宽度"为200 px,"高度"为100 px,在文件底部单击鼠标创建选区,效果如图2-8所示。

图 2-7　效果图　　　　　　　　　　图 2-8　效果图

15. 单击图层面板底部的"新建图层"按钮,创建"图层 2",图层面板如图 2-9 所示。

图 2-9　图层面板

16. 在工具箱中选择"油漆桶"工具,设置前景色为"#ddc461",在选区内单击鼠标填充颜色,按"Ctrl + D"键取消选区,效果如图 2-10 所示。

17. 单击【文件】|【打开】命令,打开"打开文件"对话框,找到"配套素材文件"|"单元二"文件夹,打开"文字. psd"文件,选择移动工具将文字拖动到矩形区域,效果如图 2-11所示。

18. 单击图层面板的"背景"图层,选择"渐变"工具,设置工具选项栏中的渐变颜色为"黑白渐变",样式为"径向渐变",单击"反向"复选框,在图片中心单击鼠标向外长距离拖动,释放鼠标后完成实例制作过程,效果如图 2-12 所示。

图2-10 效果图　　　　图2-11 效果图　　　　图2-12 效果图

19.执行【文件】|【存储为 Web 和设备所用格式】命令,弹出"存储为 Web 和设备所用格式"对话框,单击"存储"按钮,设置图片存储位置,单击"保存"按钮,完成图片制作。

特别提示

可以单击"保存在"下拉菜单,将图片素材保存在电脑中的其他位置。

三、任务检测

双击"垂直 banner. gif"文件,查看是否能够在浏览器中顺利显示。

 任务评价

评价项目	评价要素
油漆桶工具	利用定义图案功能制作新的背景图片
选区创建	利用选区工具创建选区并运算

相关知识

一、选区相关知识点

1. 选区概述

选区是一个用来隔离图像的封闭区域,它可以将操作限定在选定的区域内,这样就可以对图像的局部进行处理,选区外的图像将不会受到影响。如果没有创建选区,则编辑操作将对整个图像产生影响。创建了选区之后,闪烁的选区边界看上去就像是一圈行军的蚂蚁,因此,在 Photoshop 中,选区又被叫作蚁行线。

2.选框工具

Photoshop 提供了大量的选择工具和选择命令,它们都有各自的特点,适合选择不同类型的对象。选框工具包括矩形选框工具 、椭圆选框工具 、单行选框 和单列选框工具 。选框工具适用于创建规则选区。

(1)矩形选框工具

矩形选框工具用于创建矩形和正方形选区。按住 Shift 键拖曳鼠标光标,可以绘制以按下鼠标左键位置为起点的正方形选区;按住 Alt 键拖曳鼠标光标,可以绘制以按下鼠标左键位置为中心的矩形选区,如图 2 - 13 所示;按住 Alt + Shift 组合键拖曳鼠标光标,可以绘制以按下鼠标左键位置为中心的正方形选区,如图 2 - 14 所示。矩形选框工具的选项栏如图 2 - 15 所示。

图 2 - 13　矩形选区　　　　　　　　　图 2 - 14　方形选区

图 2 - 15　矩形选框工具选项栏

1)羽化:用来设置选区的羽化范围。

2)样式:用来设置选区的创建方法。选择"正常",可通过拖动鼠标创建任意大小的选区;选择"固定比例",可以在右侧的"宽度"和"高度"文本框中输入数值,创建固定比例的选区;选择"固定大小",可在"宽度"和"高度"文本框中输入选区的宽度和高度值,只需在画面中单击便可创建固定大小的选区。

(2)椭圆选框工具

椭圆选框工具用于创建椭圆和圆形选区。按住 Shift 键拖曳鼠标光标,可以绘制以按下鼠标左键位置为起点的圆形选区;按住 Alt 键拖曳鼠标光标,可以绘制以按下鼠标左键位置为中心的椭圆选区,如图 2 - 16 所示;按住 Alt + Shift 组合键拖曳鼠标光标,可以绘制以按下鼠标左键位置为中心的圆形选区,如图 2 - 17 所示。图 2 - 18 为椭圆选框工具的选项栏。

图 2-16 椭圆选区

图 2-17 正圆选区

图 2-18 椭圆选框工具选项栏

椭圆选框工具与矩形选框工具的选项完全相同,只是该工具可以使用"消除锯齿"功能。

消除锯齿:勾选该选项后,Photoshop 会在选区边缘一个 px 宽的范围内添加与周围图像相近的颜色,使选区看上去光滑。这项功能在剪切、拷贝和粘贴选区以合成图像时非常有用,如图 2-19 所示。

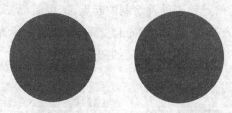

图 2-19 没有消除锯齿与消除锯齿效果对比

(3)单行选框 和单列选框工具

使用该工具只能创建高度为 1px 的行或宽度为 1px 的列,用来制作网格,如图 2-20 所示。

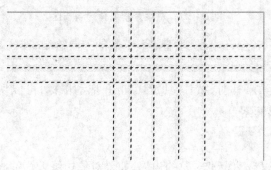

图 2-20 单行单列选框工具制作网格

3. 套索工具组

套索工具组包括套索工具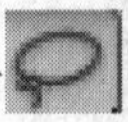、多边形套索工具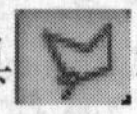和磁性套索工具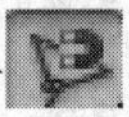，适用于创建不规则选区。

(1)套索工具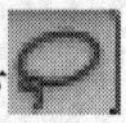

套索工具是一种使用灵活、形状自由的选区绘制工具，在图像轮廓边缘任意位置按下鼠标左键设置绘制的起点，拖曳鼠标光标到任意位置后释放鼠标左键，即可创建出形状自由的选区，如图 2－21 所示。

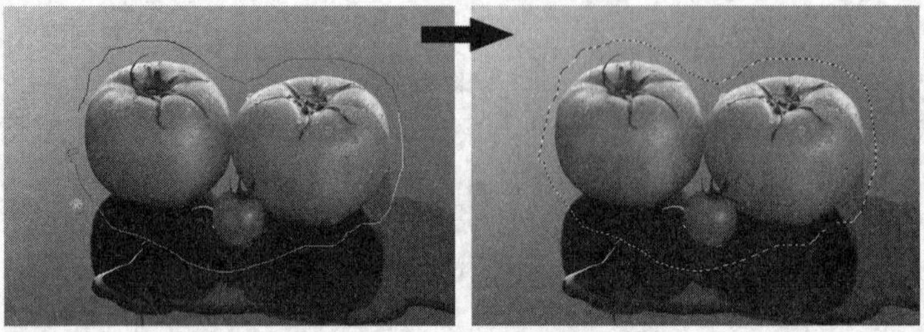

图 2－21　套索工具绘制选区

(2)多边形套索工具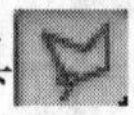

在图像轮廓边缘任意位置单击设置绘制的起点，拖曳鼠标光标到合适的位置，再次单击设置转折点，直到鼠标光标与最初设置的起点重合(此时鼠标光标的下面多了一个小圆圈)，然后在重合点上单击即可创建出选区，如图 2－22 所示。

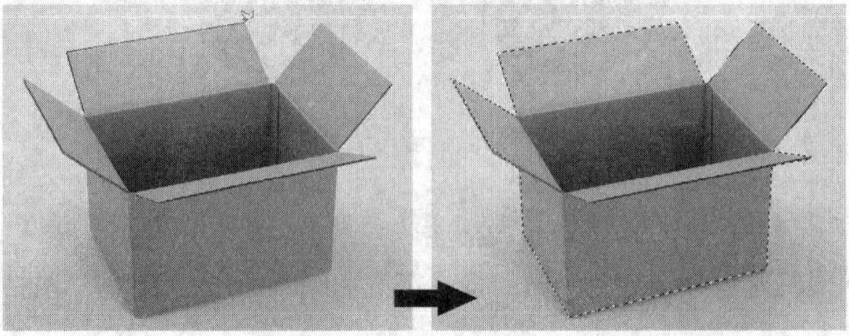

图 2－22　磁性套索工具绘制选区

按住 Shift 键，可以控制在水平、垂直、45°倍数的方向绘制，按住 Del 或者 Backspace 键可以逐步撤销已绘的线段。

在使用多边形套索工具时，按住 Alt 键单击并拖动鼠标，可以切换到套索工具，放开 Alt 键可恢复为多边形套索工具。

(3)磁性套索工具

磁性套索工具可以自动识别对象的边界，如果对象边缘较为清晰，并且与背景对比明显，可以使用该工具选择对象。

使用磁性套索工具绘制选区的过程中，按住 Alt 键在其他区域单击，可切换为多边形套索工具创建直线选区;按住 Alt 键单击并拖动鼠标,可切换为套索工具。图 2-23 为磁性套索工具选项栏。

图 2-23　磁性套索工具选项栏

4.魔棒工具

魔棒工具主要用于选择图像中面积较大的单色区域或相近的颜色。其使用方法非常简单,只需在要选择的颜色范围内单击,即可将图像中与鼠标光标落点相同或相近的颜色全部选择,如图 2-24 所示。图 2-25 为魔棒工具的选项栏。

图 2-24　魔棒工具创建选区

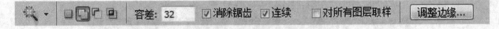

图 2-25　魔棒工具选项栏

(1)容差:用来设置系统选择颜色的范围,即选区允许的颜色容差值。该数值的范围是 0~255。容差值越大,相应的选区也越大;容差值越小,相应的选区也越小,如图 2-26 所示。

容差30　　　　　　容差50　　　　　　容差100

图 2-26　不同容差值选区范围不同

(2)连续:勾选该选项后,只选择颜色连接的区域,如图 2-27 所示;取消勾选后,可选择与鼠标单击点颜色相近的区域,包括没有连接的区域,如图 2-28 所示。

图2-27　选中连续

图2-28　取消连续

（3）对所有图层取样：如果文档中包含多个图层，勾选该选项后，可选择所有可见图层上颜色相近的区域，如图2-29所示。

图2-29　勾选对多个图层取样

取消勾选，则仅选择当前图层上颜色相近的区域，如图2-30所示。

图2-30　选中图层2

5. 选区的基本操作

（1）全选与反选

执行【选择】|【全部】命令，或按下 Ctrl + A 快捷键，可以选择当前文档边界内的全部图像，如图2-31所示；如果需要复制整个图像，可执行该命令，再按下 Ctrl + C 快捷键复制。

图 2 - 31　全选图像

创建了选区之后,执行【选择】|【反向】命令,或按下 Shift + Ctrl + I 快捷键,可以反转选区,即选择图像中未被选中的部分,如图 2 - 32 所示。

图 2 - 32　反向选择

(2)取消选择与重新选择

创建选区后,执行【选择】|【取消选择】命令,或按下 Ctrl + D 快捷键,可以取消选择。如果要恢复被取消的选区,可以执行【选择】|【重新选择】命令。

(3)选区的运算

如果图像中包含选区,则使用选框工具、套索工具和魔棒工具创建选区时,需要在工具选项栏中按下一个按钮,如图 2 - 33 所示,使当前选区与新创建的选区运算,生成我们所需要的选区。

1)新选区 :按下该按钮后,新创建的选区会替换掉原有的选区。

2)添加到选区 :按下该按钮后,可在原有选区的基础上添加新的选区,如图 2 - 34所示。

3)从选区中减去 :按下该按钮后,可以在原有选区的基础上减去新创建的选区,如图 2 - 35 所示。

4)与选区交叉 :按下该按钮后,新建选区时只保留原有选区与新创建的选区相交的部分,如图 2 - 36 所示。

图 2-33　选区

图 2-34　添加到选区

图 2-35　从选区中减去

图 2-36　选区相交

也可以使用快捷键完成选区的运算,按住 Shift 键可以在当前选区上添加选区;按住 Alt 键可以在当前选区中减去绘制的选区;按住 Shift + Alt 键可以得到与当前选区相交的选区。

(4)移动选区

1)创建选区时移动选区:使用矩形选框、椭圆选框工具创建选区时,在松开鼠标按键前,按住空格键拖动鼠标。

2)创建选区后移动选区:创建了选区后,如果新选区按钮 ▢ 为按下状态,则使用选框、套索和魔棒工具时,只要把光标放在选区内,单击并拖动鼠标即可,如图 2-37 所示。如果要轻微移动选区,也可以使用键盘中的方向键进行操作。

(5)显示与隐藏选区

创建选区后,执行【视图】|【显示】|【选区边缘】命令,或者按下 Ctrl + H 快捷键,可以隐藏选区。选区虽然看不见了,但它依然存在,并限定我们操作的有效区域。需要重新显示选区,可按下 Ctrl + H 快捷键。

图 2 - 37　移动选区

二、网站 Banner 常见的尺寸规范

网站 Banner 常见的尺寸是 480 × 60 px 或 233 × 30 px，它使用 GIF 格式的图像文件，既可以使用静态图形，也可以使用动画图像。Internet Advertising Bureau（IAB，国际广告局）的"标准和管理委员会"联合 Coalition for Advertising Supported Informatiln and Entertainment（CASIE，广告支持信息和娱乐联合会）推出了一系列网络广告宣传物的标准尺寸。这些尺寸作为建议，提供给广告生产者和消费者，使大家都能接受。截至 2014 年 4 月 15 日，网站上的广告几乎都遵循 IAC/CASIE 标准。

1997 年第一次标准公布：

No. Size(pix) Name

1. 468 × 60 全尺寸 banner

2. 392 × 72 全尺寸带导航条 banner

3. 234 × 60 半尺寸 banner

4. 125 × 125 方形按钮

5. 120 × 90 按钮#1 或小图标

6. 120 × 60 按钮#2 或小图标

7. 88 × 31 小按钮或 banner

8. 120 × 240 垂直 banner

2001 年第二次标准公布：

No. Size(pix) Name

1. 120 × 600 "摩天大楼"形

2. 160 × 600 宽"摩天大楼"形

3. 180 × 150 长方形

4. 300 × 250 中级长方形

5. 336 × 280 大长方形

6. 240×400 竖长方形

7. 250×250 "正方形弹出式"广告

＊IAB 将不再支持 1997 年第一次公布标准中的 392×72 形。

随着大屏幕显示器的出现,banner 的表现尺寸越来越大,760×70 px、1 000×70 px 的大尺寸 banner 也悄然出现。

 学习任务2 水平 Banner 的制作

 任务描述

某大型电商网站轮流举行促销活动,现在要求制作母婴产品的促销活动宣传广告,替换之前的男装宣传广告,男装宣传广告如图 2-38 所示。电商网站提供了母婴产品的促销活动素材,包括孕妈妈、儿童及相关产品的照片,要求设计师完成宣传广告的创意并做出效果图。

图 2-38 男装宣传广告

任务目标

● 能选择合适的工具完成抠图任务

● 能理解图层的含义,会选择不同的图层内容进行图像的缩放

 任务分析

本次任务为电商网站提供母婴分会场的促销活动宣传广告,因尺寸相对较大,可以选择丰富的素材进行活动的诠释。拎着购物袋的儿童形象新奇而且阳光,非常符合活动主题并能吸引用户注意,选取合适的产品照片可以第一时间吸引目标客户。选定设计素材后,首先要进行抠图,将素材合并成为一个文件并合理摆放布局,涉及选区创建工具及图层的相关应用。

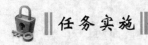

一、任务准备

1. 确保 Photoshop CS5 软件顺利运行。

2. 挑选儿童及产品的相关素材文件。

二、任务实施

1. 执行【开始】|【程序】命令,单击"Adobe Photoshop CS5"启动软件。

2. 单击【文件】|【新建】命令,弹出"新建"对话框,如图 2－39 所示。

3. 在"名称"文本框中输入"母婴广告"文字,将"宽度"文本框的数值改为 650 px,高度改为 300 px,单击"确定"按钮,新建"母婴广告"文件。

4. 单击【文件】|【打开】命令,打开"打开文件"对话框,找到"配套素材文件"|"单元二"文件夹,打开"娃娃.jpg"文件。

5. 在工具箱中选择"魔术棒"工具,在工具选项栏中设置"容差"值为10,单击选中"连续"复选框,在娃娃的背景处单击鼠标,创建选区,如图 2－40 所示。

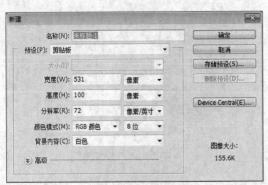

图 2－39 "新建"对话框

图 2－40 创建选区

6. 执行"选择"|"反选"命令,将选区方向选择。

7. 在工具箱中选择移动工具,在"娃娃"文件的选区中单击鼠标,向"母婴广告"文件拖动,将选区内的娃娃移动到"母婴广告"文件中。

8. 在移动工具选项栏中选择"显示变换控件"复选框,沿顶端向内收缩图片至合适大小,双击鼠标结束变换,效果如图 2－41 所示。

9. 单击【文件】|【打开】命令,打开"打开文件"对话框,找到"配套素材文件"|"单元二"文件夹,打开"积木.jpg"文件。

10. 在工具箱中选择"魔术棒"工具,在工具选项栏中设置"容差"值为10,单击选中"连续"复选框,在娃娃的背景处单击鼠标,创建选区。

11. 执行"选择"|"反选"命令,将选区方向选择。

12. 在工具箱中选择移动工具,在"积木"文件的选区中单击鼠标,向"母婴广告"文件拖动,将选区内的积木移动到"母婴广告"文件中。

13. 在移动工具选项栏中选择"显示变换控件"复选框,沿顶端向内收缩图片至 1/10 大小,双击鼠标结束变换,效果如图 2-42 所示。

图 2-41　效果图

图 2-42　效果图

14. 单击【文件】|【打开】命令,打开"打开文件"对话框,找到"配套素材文件"|"单元二"文件夹,打开"奶粉. jpg"文件。

15. 重复执行步骤 10~13,效果如图 2-43 所示。

16. 单击【文件】|【打开】命令,打开"打开文件"对话框,找到"配套素材文件"|"单元二"文件夹,打开"玩具. jpg"文件。

17. 重复执行步骤 10~13,效果如图 2-44 所示。

图 2-43　效果图

图 2-44　效果图

18. 单击【文件】|【打开】命令,打开"打开文件"对话框,找到"配套素材文件"|"单元二"文件夹,打开"文字. psd"文件。

19. 在工具箱中选择移动工具,将文字文件拖动至"母婴广告"文件中,效果如图 2-45 所示。

20. 选择渐变工具,设置渐变颜色为红白渐变,渐变样式为径向渐变,在文件底部单击鼠标向上拖动,在背景图层上做出径向渐变效果,如图 2-46 所示。

21. 执行【文件】|【存储为 Web 和设备所用格式】命令,弹出"存储为 Web 和设备所用格式"对话框,单击"存储"按钮,设置图片存储位置,单击"保存"按钮,完成图片制作。

图2-45 效果图

图2-46 效果图

三、任务检测

双击"母婴广告.gif"文件,查看是否能够在浏览器中顺利显示。

 任务评价

评价项目	评价要素
抠图	利用魔术棒工具选择单色背景并反向选择进行抠图
图层	能够移动图层内容并缩放

相关知识

一、图层相关概念

1. 图层的概念

图层是 Photoshop 的核心功能之一,是图像的载体,没有图层,图像是不存在的。在 Photoshop 中的任何操作都是基于图层来完成的。

2. 图层的特点

一个完整的图像是由各个层自上而下叠放在一起组合成的。上层的图像将遮住下层同一位置的图像,透明区域可以看到下层的图像;每个图层中的内容是独立的。

3. 图层的分类

在 Photoshop 中共有 6 种不同的图层,分别为背景层、普通层、文字层、形状层、调整层和填充层。不同的层类型如图2-47所示。

背景图层:使用白色背景或彩色背景创建新图像时,"图层"面板中最下面的图像称为背景。一幅图像只能有一个背景图层。不能更改背景图层的排列顺序,也不能修改它的不透明度或混合模式。

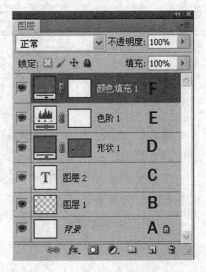
图2-47 图层的分类
A.背景层 B.普通层 C.文字层 D.调整层 E.填充层

普通图层:普通图层存放和绘制图像。

文本图层:使用文字工具创建的图层。

形状图层:使用形状工具创建的图层。

调整层:使用调整图层,可以将颜色和色调调整应用于图像,而不会永久更改图像px 值。

填充层:在填充图层中,可以用纯色、渐变或图案填充图层。填充层不会影响位于它下面的图层效果。

4. 图层面板

"图层"面板列出了图像中的所有图层、图层组和图层效果。可以使用图层面板来显示和隐藏图层、创建新图层以及处理图层组。也可以在图层面板菜单中访问其他的图层命令和选项。选择"窗口""图层"命令或按 F7 键可以显示图层面板,如图 2 – 48 所示。

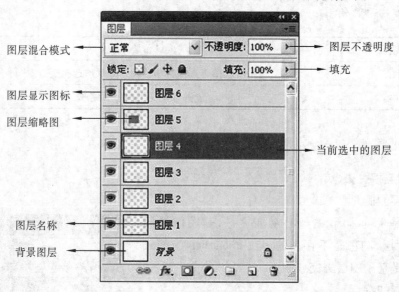

图 2 – 48　　图层面板

图层名称:显示图层名称,默认的图层名称为"图层 1""图层 2"……,双击图层名称处可以更改图层名称。

背景图层:位于图层最下方,不能更改图层顺序、透明度及混合模式项等选项,双击可以将背景层转换为普通图层。

二、图层的基本操作

1. 创建图层

在 Photoshop 中可以通过以下几种方法创建新图层:

(1)通过"创建新图层"按钮创建图层。单击"图层"面板底部的"创建新图层"按钮, 可以在面板中创建一个空白图层。

(2)通过"新建图层"对话框创建新图层。选择菜单栏中的【图层】|【新建】|【图层】命令,"新建图层"对话框如图 2 – 49 所示。

在"名称"文本框中可以更改图层的名称,默认的图层名称为"图层1""图层2"……。

(3)单击图层面板右上角的"图层菜单"按钮 ▼☰ ,单击"新建图层"命令,通过"新建图层"对话框创建新图层。

2. 选择图层

对图像进行编辑及修饰之前,必须正确地选择图层。在 Photoshop 中可以通过以下几种方法选择图层:

(1)选择单个图层:在"图层"控制面板中单击要选择的图层,图层呈蓝色显示,表示该图层已经被选择。

(2)选择多个连续图层:在图层面板中单击第一个图层,然后按住 Shift 键单击最后一个图层,可以选择两个图层之间的所有图层,被选择的所有图层均呈蓝色显示。例如,单击图层1后,按住 Shift 键后单击图层3,图层面板如图2-50所示。

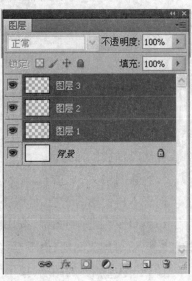

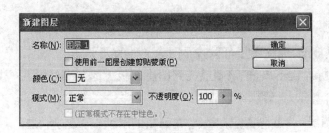

图2-49 "新建图层"对话框   图2-50 选择连续的图层

(3)选择多个不连续图层:按住 Ctrl 键,然后逐一单击要被选中的图层,可以选择全部被单击的图层。例如,按住 Ctrl 键,单击"图层1"与"图层3"后,图层面板如图2-51所示。

3. 复制图层

复制图层可以为已存在的图层创建图层副本。在 Photoshop 中可以在文件内复制图层,也可以将图层复制到其他文件中。

(1)在"图层"面板中将选中的图层拖动到"创建新图层"按钮 📄 上,释放鼠标后出现图层副本,完成复制。

(2)选择图层后,单击"图层"菜单或"图层"面板菜单,选择"复制图层"命令,弹出"复制图层"对话框,单击"确定"按钮。

(3)如果在另一文件内复制图层,需要同时打开源文件和目标文件,从源图像的"图层"

面板中,选择一个或多个图层,将图层从"图层"面板拖动到目标文件中,即可完成复制。

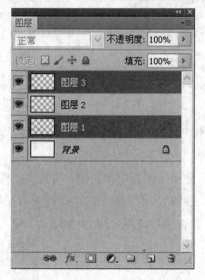

图 2-51　选择不连续的图层

4. 移动图层

图层中的图像具有上层覆盖下层的特性,适当调整图层的排列顺序可以制作出更为丰富的图像效果。在图层面板中,按住鼠标左键将图层拖至目标位置,当目标位置显示一条高光线时释放鼠标即可。

5. 删除图层

对于不再使用的图层,可以将其删除,删除图层可以减小图像文件的大小。

(1)选中要删除的图层,按住鼠标左键不放,把该图层拖到图层面板上的"删除图层"按钮 🗑 ,就可删除图层,但不会打开提示对话框。

(2)选中要删除的图层,单击"图层"/"删除图层"命令,在弹出的对话框中选择"是"按钮即可。

(3)选中要删除的图层,单击鼠标右键,在打开的快捷菜单中选择"删除图层"命令。

6. 图层的链接

选择多个图层后,单击图层面板下方的链接按钮🔗,可以链接选择的图层。图层被链接以后,可以同时对链接的图层进行移动、变换和复制等操作。再次单击图层面板下方的链接按钮🔗,可以解除图层的链接。

7. 图层的合并

复杂的文件操作会产生大量的图层,会使图像文件尺寸变大,可根据需要对图层进行合并。合并图层是将两个或两个以上的图层合并成一个图层。

(1)向下合并:"向下合并"命令可以把当前图层与在它下方的图层进行合并。单击图层面板的"图层菜单"按钮 ▾≡ ,选择"向下合并"命令,或使用快捷键"Ctrl + E"。进行合并的层都必须处在显示状态。

(2)合并可见图层:"合并可见图层"命令可以把所有处在显示状态的图层合并成一

层,在隐藏状态的图层不作变动。

(3)拼合图像:"拼合图像"命令可以将所有图层合并为背景层,如果有隐藏图层,拼合时会弹出警告框,询问用户是否扔掉隐藏图层。单击【图层】|【合并可见图层】命令,或使用快捷键"Ctrl + Shift + E",可以拼合图像。

8.图层的对齐与分布

Photoshop 允许用户对选择的多个图层进行对齐和分布操作,从而实现图像间的精确移动。

(1)图层的对齐:在菜单栏中单击"图层"→"对齐"命令,弹出"对齐"子菜单,如图2-52所示。

(2)图层的分布:分布是将选择或链接图层之间的间隔均匀地分布,分布操作只能针对三个或三个以上的图层进行。单击"图层"→"分布"命令,弹出"分布"子菜单,如图2-53所示。

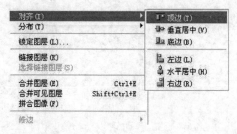

图2-52　"对齐"子菜单　　　　　　图2-53　"分布"子菜单

9.图层组

图层组就是将多个层归为一个组,这个组可以在不需要操作时折叠起来,无论组中有多少图层,折叠后只占用相当于一个图层的空间,方便管理图层。单击图层面板下方的创建新组按钮 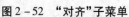,即可创建新的图层组。

学习任务3　母婴广告的改版

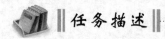 任务描述

　　客户根据母婴广告文件的样图提出了新的想法,希望提供更多的网络广告版式,体验不同的视觉效果;设计师综合考虑母婴广告的素材和版面布局,希望小王调整网络广告的布局,重点突出促销活动的文字部分;小王根据修改意见,重新调整了广告的版式并重新搭配背景与文字。

任务目标

● 理解构图的定义及规则
● 掌握图层的概念,会选择不同图层进行内容的编辑

任务分析

因为客户认可了素材的选取,只是想了解一下不同的设计版式会出现什么不同的视觉效果,所以本实例选择在原有的.psd文件的基础上进行操作,既提高了工作效率,又能直观地了解.psd文件格式的特点。

任务实施

一、任务准备

1. 确保 Photoshop CS5 软件顺利运行。

2. 确保找到母婴广告的.psd 文件格式。

二、任务实施

1. 执行【开始】|【程序】命令,单击"Adobe Photoshop CS5"启动软件。

2. 单击【文件】|【新建】命令,弹出"新建"对话框,在"名称"文本框中输入"母婴广告改版"文字,将"宽度"文本框的数值改为 650 px,高度改为 300 px,单击"确定"按钮,新建"母婴广告改版"文件。

3. 单击【文件】|【打开】命令,打开"打开文件"对话框,找到"配套素材文件"|"单元二"文件夹,打开"母婴广告.psd"文件。

4. 在图层面板中单击"图层 1",同时按住 Shift 单击"图层 4"图层,选中全部图层,图层面板如图 2-54 所示。

图 2-54　图层面板

5. 在工具箱中选择移动工具,在蓝色区域单击鼠标向"母婴广告改版"文件中拖动,

释放鼠标后"母婴广告改版"文件如图 2-55 所示。

6. 在图层面板中单击"图层 1",选择移动工具向右移动图层,效果如图 2-56 所示。

图 2-55 效果图   图 2-56 效果图

7. 在图层面板中单击"图层 2",选择移动工具向左移动图层,效果如图 2-57 所示。

8. 重复步骤 7 将图层 3、图层 4 移动到左侧位置,效果如图 2-58 所示。

图 2-57 效果图   图 2-58 效果图

9. 单击【文件】|【打开】命令,打开"打开文件"对话框,找到"配套素材文件"|"单元二"文件夹,打开"改版文字.psd"文件。

10. 在工具箱中选择移动工具,将文字图层拖动至"母婴广告改版"文件中,微调各图层位置,效果如图 2-59 所示。

11. 选择渐变工具,设置渐变颜色为"橙黄橙"渐变,渐变样式为径向渐变,单击图层面板中"背景图层",拖动鼠标做出径向渐变效果,如图 2-60 所示。

图 2-59 效果图   图 2-60 效果图

12. 执行【文件】|【存储为 Web 和设备所用格式】命令,弹出"存储为 Web 和设备所用格式"对话框,单击"存储"按钮,设置图片存储位置,单击"保存"按钮,完成图片制作。

三、任务检测

双击"母婴广告改版.gif"文件,查看是否能够在浏览器中顺利显示。

 任务评价

评价项目	评价要素
图层	图层的特点及操作
移动工具	显示变换控件的用法

 相关知识

一、构图的定义及规则

构图就是经营画面,进行布局,如果在构图的引导下吸引用户点击,产生欲望了解内容,那就说明构图是成功的。构图的基本规则是:均衡、对比和视点。均衡是一种力量上的平衡感,使画面具有稳定性;对比在构图上来说就是大小对比、粗细对比、方圆对比、曲线与直线对比等等;视点就是如何将用户的目光集中在画面的中心点上。我们可以用构图去引导用户的视点,将视点集中引导到宣传目标上。

二、构图的样式

构图大概分垂直水平式构图 、三角形构图、渐次式构图、辐射式构图、框架式构图和对角线构图等几种类型。

1.垂直水平式构图

平行排列每一个产品,每个产品展示效果都很好,各个产品所占比重相同,秩序感强。此类构图给用户带来的视觉感受是:产品规矩正式、高大、安全感强。

2.正三角和倒三角构图

多个产品进行正三角构图,产品立体感强,各个产品所占比重有轻有重,构图稳定自然,空间感强。此类构图给用户带来的视觉感受是:安全感极强、稳定可靠。多个产品进行倒三角构图,产品立体感极强,各个产品所占比重有轻有重,构图动感活泼失衡,运动感、空间感强。此类构图给用户带来的视觉感受是:不稳定感,激发用户心情,给用户运动的感觉。

3.对角线构图

一个产品或两个产品进行组合对角线构图,产品的空间感强,各个产品所占比重相对平衡,构图动感活泼稳定,运动感、空间感强。此类构图给用户带来的视觉感受是:动感十足且稳定。

4. 渐次式构图

多个产品进行渐次式排列,产品展示空间感强,各个产品所占比重不同,由大及小,构图稳定,次序感强,利用透视引导指向 slogan。此类构图给用户带来的视觉感受是:稳定自然,产品丰富可靠。

5. 辐射式构图

多个产品进行辐射式构图,产品空间感强,各个产品所占比重不同,由大及小。构图动感活泼,次序感强,利用透视指向 slogan,此类构图给用户带来的视觉感受是:活泼动感,产品丰富可靠。

6. 框架式构图

单个或多个产品框架式构图,产品展示效果好,有画中画的感觉。构图规整平衡,稳定坚固。此类构图给用户的视觉感受是:稳定可信赖,产品可靠。

 单元小结 ⋯⋯⋯⋯⋯⋯⋯⋯⋯⋯⋯⋯⋯⋯⋯⋯⋯⋯⋯⋯⋯⋯⋯⋯⋯

本单元利用制作网站广告条的实例,引导用户从美学的角度理解网站广告条的功能,掌握网站广告条制作规范及设计原则,进一步熟悉 Photoshop 软件相关工具的基本操作,掌握图层的作用和选区的运算。

通过本单元的学习,用户可以了解 banner 类型,分布位置,电子商务类 banner 构成要素,常见处理手法,常见的构图形式,包括构图的类型,构图中均衡、对称、分割、对比、视点、重心和聚散关系对设计的重要性。能根据设计内容灵活应用构图组织页面元素,并且能够针对不同的构图进行主题、产品特性分析,在进行视觉表现时先对表现的对象进行特征分析。学会将规定的手法运用到客户的 banner 设计中,能运用所学构图知识完成不同的设计任务。

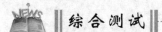 **综合测试** ⋯⋯⋯⋯⋯⋯⋯⋯⋯⋯⋯⋯⋯⋯⋯⋯⋯⋯⋯⋯⋯⋯⋯⋯⋯

1. 建立选区时,要移动选区中的对象,可以加(　　)辅助键。

    A. Shift　　　　　　B. Ctrl　　　　　　C. Alt　　　　　　　　D. 空格

2. Photoshop 中可以根据 px 颜色的近似程度来填充颜色,那么,填充前景色或连续图案的工具是下列哪一个?(　　)

    A. 魔术橡皮擦工具　　　　　　　　B. 背景橡皮擦工具

    C. 渐变填充工具　　　　　　　　　D. 油漆桶工具

3. Photoshop 中利用单行或单列选框工具选中的是(　　)。

    A. 拖动区域中的对象　　　　　　　B. 图像横向或竖向的 px

    C. 一行或一列 px　　　　　　　　　D. 当前图层中的 px

4. Photoshop 中如果想在现有选择区域的基础上增加选择区域,应按住下列哪个键?(　　)

    A. Shift　　　　　　B. Ctrl　　　　　　C. Alt　　　　　　　　D. Tab

5.下列哪种工具可以选择连续的相似颜色的区域?（   ）

　　A.矩形选择工具　　　　　　　　　　B.椭圆选择工具

　　C.魔术棒工具　　　　　　　　　　　D.磁性套索工具

6. Photoshop 中在使用矩形选框工具创建矩形选区时,得到的是一个具有圆角的矩形选择

　　区域,其原因是下列各项的哪一项?（   ）

　　A.拖动矩形选择工具的方法不正确

　　B.矩形选框工具具有一个较大的羽化值

　　C.使用的是圆角矩形选择工具而非矩形选择工具

　　D.所绘制的矩形选区过大

7.下列哪个选区创建工具可以"用于所有图层"?（   ）

　　A.魔棒工具　　　　　　　　　　　　B.矩形选框工具

　　C.椭圆选框工具　　　　　　　　　　D.套索工具

8. Photoshop 中利用橡皮擦工具擦除背景层中的对象,被擦除区域填充什么颜色?（   ）

　　A.黑色　　　　　　　B.白色　　　　　　　C.透明　　　　　　　D.背景色

9. Photoshop 的当前状态为全屏显示,而且未显示工具箱及任何调板,在此情况下,按什么

　　键能够使其恢复为显示工具箱、调板及标题条的正常工作显示状态?（   ）

　　A.先按 F 键,再按 Tab 键

　　B.先按 Tab 键,再按 F 键,但顺序绝对不可以颠倒

　　C.先按两次 F 键,再按两次 Tab 键

　　D.先按 Ctrl + Shift + F 键,再按 Tab 键

10. 在 Photoshop 中允许一个图像的显示的最大比例范围是多少?（   ）

　　A.100.00%　　　　　B.200.00%　　　　　C.600.00%　　　　　D.1600.00%

第三单元　网站按钮制作

单元概述

　　按钮是网页中不可少的基本控制部件，在各种网页中都少不了按钮的参与。网页按钮一般可以分为动态按钮和静态按钮两种。它们出现的方式是多种多样的，可以是文字，可以是抽象或具象的图形，可以是普通的图片，也可以是其他网站和公司的产品标识或logo。

　　本单元将引导学生完成商业网站中不同形式网站按钮的制作，帮助学生理解按钮在网页设计中的作用及设计原则。在任务的制作过程中，涉及 Photoshop 软件的相关知识：包括图层样式的设定、保存与应用；画笔工具的使用方法及画笔笔尖的设计，实例中也会接触到简单滤镜的使用方法。

学习任务 1 图形按钮制作

||**任务描述**||

小王是一家网站制作公司的助理设计师,处于实习阶段。一天,设计师接到任务,要制作一排垂直效果的网站按钮,客户没有提供任何素材,只要求按钮设计不要太死板,要具有设计感。小王提到一个创意,设计师要求小王做出实例再评价效果。

||**任务目标**||

- 能根据用户需要设计按钮外形
- 能利用选区运算制作不规则的选区
- 能使用图层样式完成面板样式的设计
- 初步理解滤镜的作用

||**任务分析**||

网页按钮的效果制作不需要体现文字信息,只需要完成单个效果的制作,然后进行数量的复制,完成位置的摆放就能体现按钮在网页中的布局。设计师要求小王完成垂直的、不规则按钮的创建任务,小王决定用蓝色做按钮的底色。

||**任务实施**||

一、任务准备

1. 确保 Photoshop CS5 软件顺利运行。
2. 设计好按钮的外形。

二、任务实施

1. 执行【开始】|【程序】命令,单击"Adobe Photoshop CS5"启动软件。
2. 单击【文件】|【新建】命令,弹出"新建"对话框,如图 3 - 1 所示。

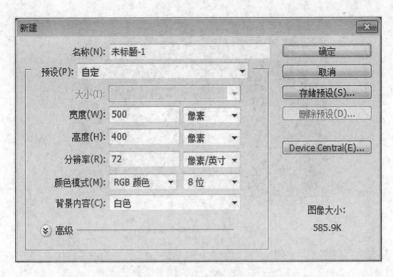

图 3 – 1　"新建"对话框

3. 在"名称"文本框中输入"图形按钮"文字,将"宽度"文本框的数值改为 600 px,高度为 400 px,单击"确定"按钮,新建"图形按钮"文件。

4. 在工具箱中选择渐变工具,单击"可编辑渐变",弹出渐变编辑器,双击最左侧色标,弹出"选择色标颜色"对话框,设置色彩 RGB 分别为 96、96、96,单击"确定"按钮,完成颜色的设定;双击最右侧色标,弹出"选择色标颜色"对话框,设置色彩 RGB 分别为 43、43、43,单击确定按钮。

5. 在工具选项栏中设置渐变样式为径向渐变,在文件中央单击鼠标向右下角拖动,释放鼠标后,效果如图 3 – 2 所示。

图 3 – 2　效果图

6. 在工具箱选择矩形选框工具,在工作区拖动鼠标绘制一个矩形选区,如图 3 – 3 所示。

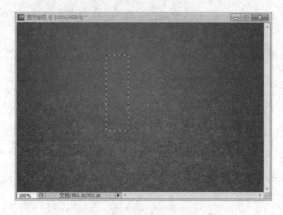

图 3-3 绘制矩形选区

7. 在工具箱选择多边形套索工具,在工具选项栏中设置为选区相减,在矩形选区底部绘制三角形,双击鼠标后效果如图 3-4 所示。

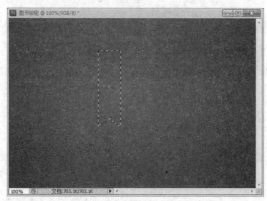

图 3-4 效果图

8. 单击图层面板的新建图层按钮新建图层 1,在工具箱中选择油漆桶工具,设置前景色为蓝色(R:7,G:123,B:242),单击鼠标将选区填充颜色,按快捷键 Ctrl + D 取消选择,效果如图 3-5 所示。

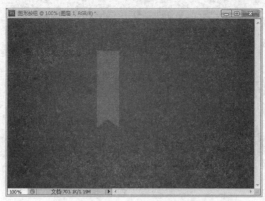

图 3-5 效果图

9.右键单击图层面板中的"图层1",弹出图层面板快捷菜单,选择"混合选项"命令,弹出图层样式对话框,如图3-6所示。

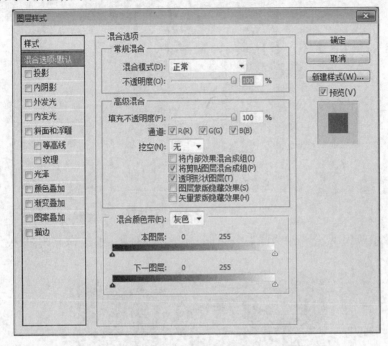

图3-6　图层样式对话框

10.单击"斜面与浮雕"复选框,"混合选项"面板更改为"斜面与浮雕"内容,如图3-7所示。

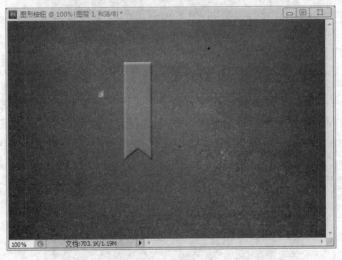

图3-7　"混合选项"面板

11.执行"滤镜"|"杂色"|"添加杂色"命令,弹出"添加杂色"对话框,如图3-8所示。

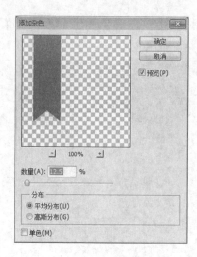

图 3 - 8 "添加杂色"对话框

12. 将数量改为 1,分布改为高斯分布,勾选单色复选框,单击确定按钮,效果如图 3 - 9 所示。

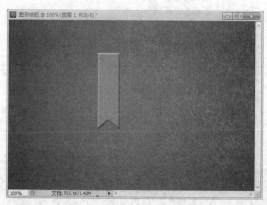

图 3 - 9 效果图

13. 选择直排文字工具,将前景色设为深蓝色(为#0d4d82),在工具选项栏中设置文字字号为 10,输入一排"－"符号,效果如图 3 - 10 所示。

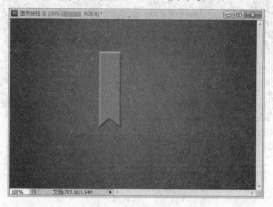

图 3 - 10 效果图

14. 右键单击图层面板中的"图层1",弹出图层面板快捷菜单,选择"混合选项"命令,弹出图层样式对话框,单击"斜面与浮雕"复选框,按照步骤9的方法将"结构"选项的样式更改为"枕状浮雕",方法为"雕刻柔和",大小为1,如图3-11所示。

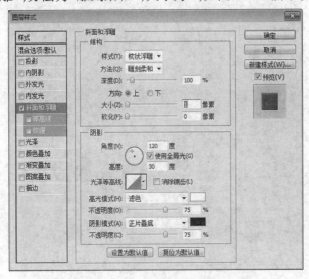

图3-11 图层面板快捷菜单

15. 单击文字图层向图层面板的新建图层按钮拖动,释放鼠标后复制文字图层,选择移动工具将线条移到按钮的右边,效果如图3-12所示。

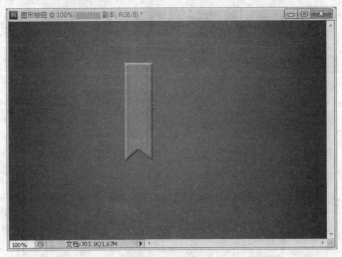

图3-12 效果图

16. 按住Shift键的同时,鼠标单击图层1,选中3个连续的图层,图层面板如图3-13所示。

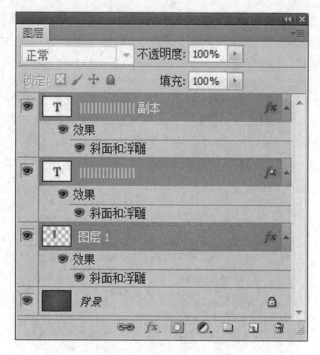

图 3 – 13　图层面板

17. 执行 Ctrl + E 快捷键,合并选中的图层,图层合并为"图层 | | | | | 副本"图层,如图 3 – 14所示。

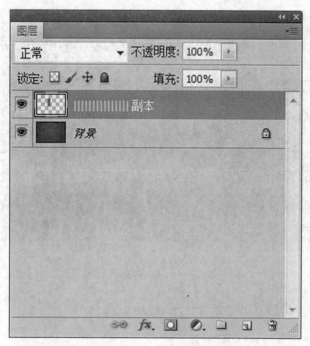

图 3 – 14　图层合并

18.鼠标按住"图层ⅠⅠⅠⅠⅠ副本"拖动到图层面板下方的"新建"图标,释放鼠标后复制新图层。

19.选择移动工具将新复制的图层向右拖动。

20.重复执行步骤23、步骤24,并调整好按钮的位置,完成效果制作,最终效果如图3－15所示。

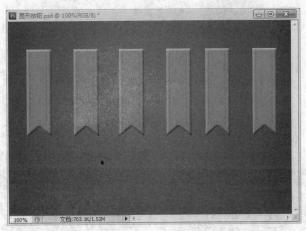

图3－15 效果图

21.执行【文件】|【存储为 Web 和设备所用格式】命令,弹出"存储为 Web 和设备所用格式"对话框,单击"存储"按钮,设置图片存储位置,单击"保存"按钮,完成图片制作。

三、任务检测

双击"图形按钮.gif"文件,查看是否能够在浏览器中顺利显示。

 任务评价

评价项目	评价要素
图层样式	理解图层样式的作用与特点
选区运算	利用选区工具创建选区并运算

相关知识

1.添加图层样式

Photoshop 允许为图层添加样式,使图像呈现不同的艺术效果。添加图层样式的方法如下:

(1)选中图层,单击图层面板下方的"样式"按钮 *fx*,弹出"图层样式"菜单,如图3－16所示。

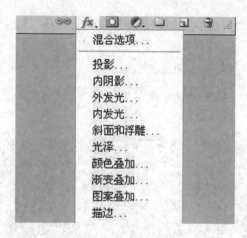

图 3 – 16　"图层样式"菜单

（2）在图层面板中双击图层，打开"图层样式"对话框，如图 3 – 17 所示。

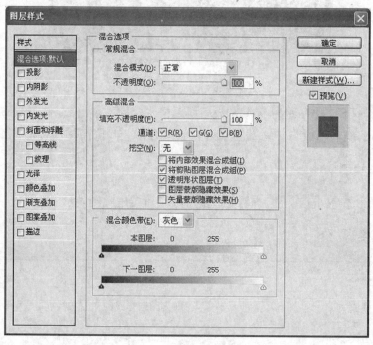

图 3 – 17　"图层样式"对话框

单击图层样式前面的复选框，可以选中对应的图层样式，再次单击复选框，取消对应的图层样式。

2. 图层样式详解

（1）投影样式

投影样式用于模拟物体受光后产生的投影效果，主要用来增加图像的层次感，生成的投影效果是沿图像的边缘向外扩展，投影样式对话框如图 3 – 18 所示。

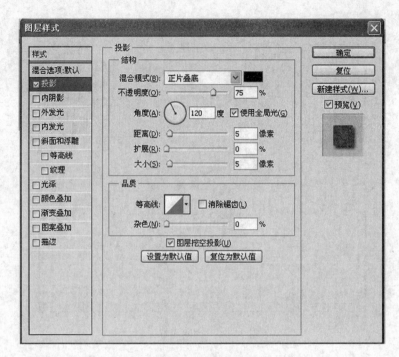

图 3 – 18 投影样式对话框

对话框中各选项含义如下：

混合模式：默认设置为"正片叠底"，由于阴影的颜色一般都是偏暗的，通常情况下不必修改。

不透明度：默认值是 75%，如果要阴影的颜色显得深一些，应增大数值，反之减少数值。

角度：设置阴影的方向，右侧的文本框中可直接输入角度值。鼠标单击圆圈可改变指针方向。指针方向代表光源方向，相反的方向就是阴影出现的地方。

距离：阴影和层的内容之间的偏移量。数值越大，会让人感觉光源的角度越低；反之，越高。

扩展：该选项用来设置阴影的大小，数值越大，阴影的边缘显得越模糊；反之，其值越小，阴影的边缘越清晰。

大小：此项可以反映光源距离层的内容的距离，数值越大，阴影越大，表明光源距离层的表面越近；反之，阴影越小，表明光源距离层的表面越远。

等高线：等高线用来对阴影部分进行进一步的设置，等高线的高处对应阴影上的暗圆环，低处对应阴影上的亮圆环。

（2）内阴影样式

内阴影样式沿图像边缘向内产生投影效果，与投影样式产生的效果方向相反，其参数设置也大致相同。内阴影样式对话框如图 3 – 19 所示。

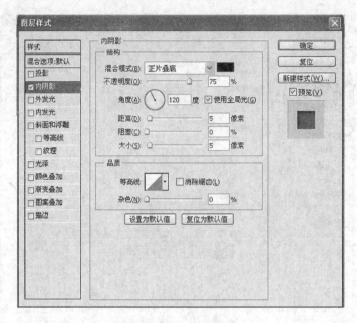

图3-19 内阴影样式

(3)外发光样式

外发光样式沿图像边缘向外生成类似发光的效果,其对话框如图3-20所示。

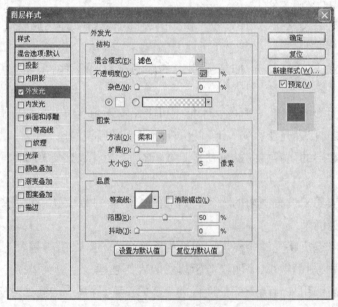

图3-20 外发光样式

(4)内发光样式

内发光与外发光在产生效果的方向上刚好相反,它是沿图像边缘向内产生发光效果,其参数的设置也是一样的。内发光样式对话框如图3-21所示。

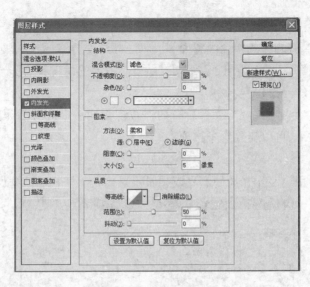

图 3－21　内发光样式

对话框中各选项含义如下：

源："源"的可选值包括"居中"和"边缘"。"边缘"指光源在对象的内侧表面,这是内侧发光效果的默认值。"居中",表示光源到了对象的中心。

阻塞："阻塞"的设置值和"大小"的设置值相互作用,用来影响"大小"的范围内光线的渐变速度。

大小："大小"设置光线的照射范围,它需要"阻塞"配合。如果阻塞值设置得非常小,即便将"大小"设置得很大,光线的效果也不明显。

(5)斜面和浮雕样式

斜面和浮雕样式用于增加图像边缘的暗调和高光,使图像产生立体感。斜面和浮雕样式对话框如图 3－22 所示。

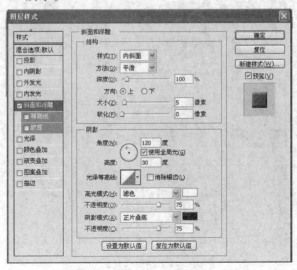

图 3－22　斜面和浮雕样式

对话框中各选项含义如下：

样式：斜面和浮雕的样式包括内斜面、外斜面、浮雕、枕形浮雕和描边浮雕。

深度："深度"必须和"大小"配合使用，"大小"一定的情况下，用"深度"可以调整高台的截面梯形斜边的光滑程度。

使用全局光："使用全局光"表示所有的样式都受同一个光源的照射，如果需要制作多个光源照射的效果，可以清除这个选项。

（6）光泽样式

光泽样式通常用于制作光滑的磨光或金属效果。光泽样式对话框如图3-23所示。

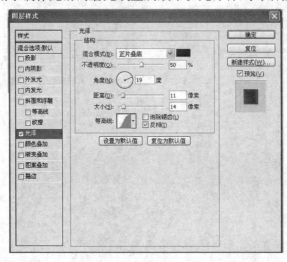

图3-23　光泽样式

（7）颜色叠加样式

颜色叠加样式就是使用一种颜色覆盖在图像的表面，其对话框如图3-24所示。

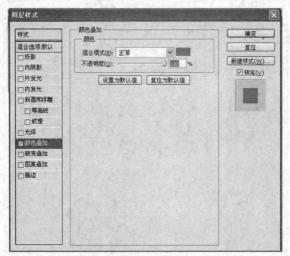

图3-24　颜色叠加样式

(8)渐变叠加样式

渐变叠加样式是使用一种渐变颜色覆盖在图像的表面,如同使用渐变工具填充图像或选区一样。渐变叠加样式对话框如图 3-25 所示。

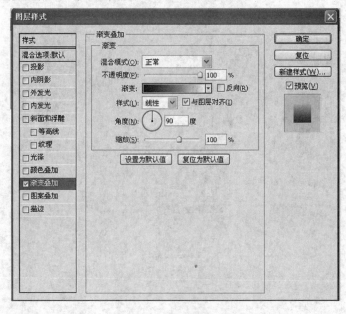

图 3-25　渐变叠加样式

(9)图案叠加样式

图案叠加样式是使用一种图案覆盖在图像表面,如同使用图案图章工具使一种图案填充图像或选区一样。叠加样式对话框如图 3-26 所示。

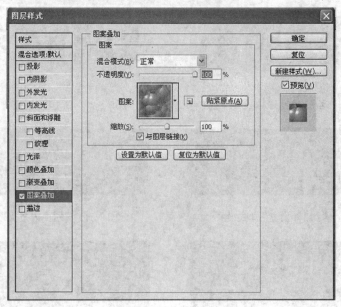

图 3-26　图案叠加

（10）描边样式

使用描边样式可以沿图像边缘填充一种颜色,如同使用"描边"命令描绘图像边缘或选区边缘一样。描边样式对话框如图 3-27 所示。

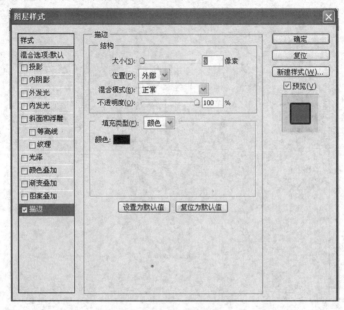

图 3-27　描边样式

2. 样式效果示例

输入文字 photo(R242,G52,B106)后,对文字所在图层添加不同的图层样式,效果如图 3-28 到 3-37 所示。

图 3-28　添加"投影"样式效果　　　　图 3-29　添加"内阴影"样式效果

图 3-30　添加"外发光"样式效果　　　　图 3-31　添加"内发光"样式效果

图 3-32　添加"斜面与浮雕"样式效果　　　　图 3-33　添加"光泽"样式效果

图 3-34 添加"颜色叠加"样式效果

图 3-35 添加"渐变叠加"样式效果

图 3-36 添加"图案叠加"样式效果

图 3-37 添加"描边"样式效果

学习任务2 文字按钮制作

 任务描述

某社交网站要进行网站改版,其中关于网站按钮的制作提出想法,要求设计师制作带有立体感的网站按钮,客户不提供任何素材,只希望按钮的主色调为蓝色。设计师要求小王试着用图层样式设计一款蓝色立体效果的按钮。

 任务目标

- 能理解图层样式的含义
- 根据需要设置图层样式面板各选项的数值

 任务分析

本次任务是为网站制作带有立体感的网站按钮,用图层样式来制作按钮的立体感是比较常用的制作方法,但图层样式的调整相对复杂,而且效果也千变万化,一旦做出比较满意的效果,应该立即另存为样式文件,方便今后的使用。

 任务实施

一、任务准备

1. 确保 Photoshop CS5 软件顺利运行。

2. 了解图层样式的设定方法。

二、任务实施

1. 执行【开始】|【程序】命令,单击"Adobe Photoshop CS5"启动软件。
2. 单击【文件】|【新建】命令,弹出"新建"对话框,如图 3 - 38 所示。

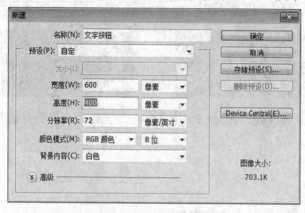

图 3 - 38 "新建"对话框

3. 在"名称"文本框中输入"文字按钮"文字,将"宽度"文本框的数值改为 600 px,高度改为 400 px,分辨率为 72 px/英寸,颜色模式为 RGB 颜色、8 位,背景内容为白色,单击"确定"按钮,新建"文字按钮"文件。

4. 在图层面板单击"新建图层"按钮,新建一个"图层 1",在工具箱中选择渐变工具,单击"可编辑渐变",弹出渐变编辑器,如图 3 - 39 所示。

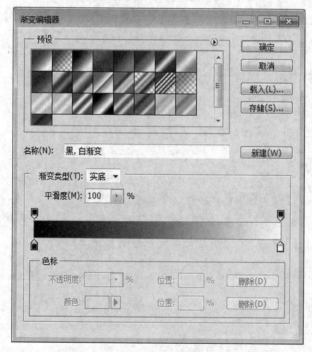

图 3 - 39 渐变编辑器

5. 双击最左侧色标,弹出"选择色标颜色"对话框,如图 3 - 40 所示。

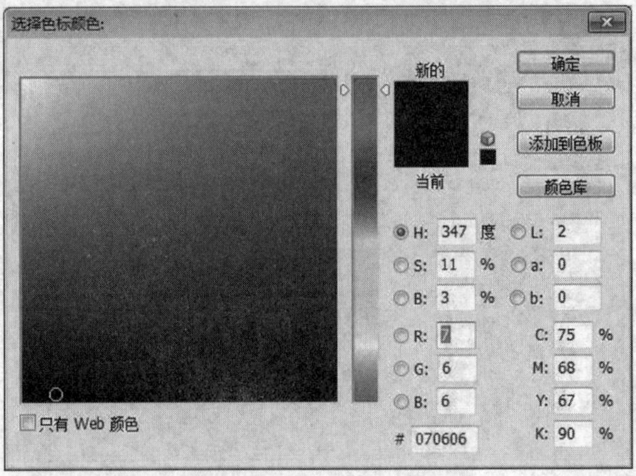

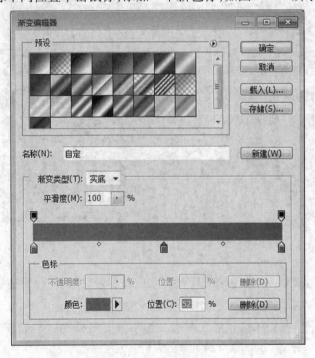

图 3 - 40　选择色标颜色

6. 设置色彩 RGB 分别为 35、137、157,单击"确定"按钮,完成颜色的设定。

7. 双击最右侧图标,弹出"选择色标颜色"对话框,设置色彩 RGB 分别为 30、115、136,单击确定按钮。

8. 在两个色标中间位置单击鼠标,添加一个新色标,如图 3 - 41 所示。

图 3 - 41　添加新色标

9. 双击中间位置的图标,弹出"选择色标颜色"对话框,设置色彩 RGB 分别为 52、173、215,单击确定按钮。

10. 在工具选项栏中设置渐变样式为线性渐变,在文件左上角单击鼠标向右下角拖动,释放鼠标后,效果如图 3 - 42 所示。

图 3 - 42　渐变效果

11. 在工具箱选择圆角矩形工具,按住键盘中的 Shift 键不放,在工作区拖出一个圆角矩形,如图 3 - 43 所示。

图 3 - 43　圆角矩形

12. 单击工具选项栏的颜色按钮,弹出"拾取实色"对话框,设置前景色 RGB 值为 160、229、246,单击"确定"按钮,按钮内部颜色发生变化。

13. 右键单击图层面板中的"形状图层",弹出图层面板快捷菜单,选择"混合选项"命令,弹出图层样式对话框,如图 3 - 44 所示。

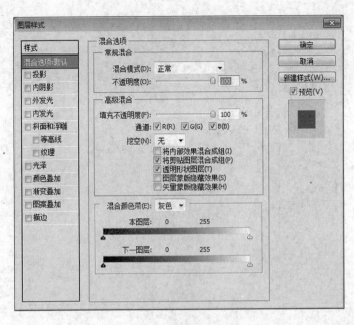

图 3 - 44 图层样式对话框

14. 单击"投影"复选框,"混合选项"面板更改为"投影"内容,如图 3 - 45 所示。

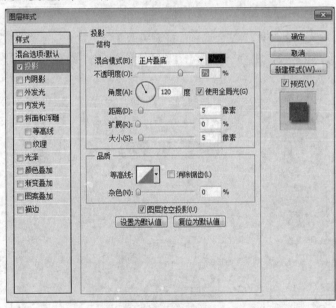

图 3 - 45 图层样式对话框

15. 将投影面板中"不透明度"选项值更改为 42,角度为 90 度,距离为 0,大小为 0。

16. 单击"内阴影"复选框,"混合选项"面板更改为"内阴影"内容,如图 3 - 46 所示。

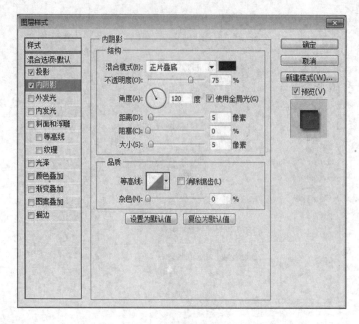

图 3-46 "内阴影"样式对话框

17.将内阴影面板中的"不透明度"选项值更改为 38,角度为 -99 度,距离为 4,阻塞为 20,大小为 4。

18.单击"外发光"复选框,"混合选项"面板更改为"外发光"内容,如图 3-47 所示。

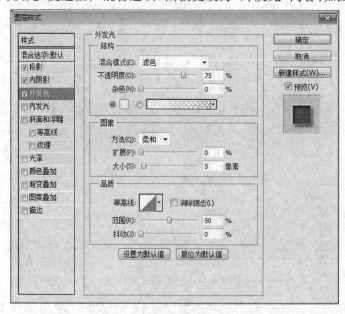

图 3-47 "外发光"样式对话框

19.将外发光结构面板中的"混合模式"选项改为正常,不透明度改为 45,颜色设置为蓝色;将图素选项扩展改为 59,大小为 3。

20.单击"斜面与浮雕"复选框,"混合选项"面板更改为"斜面与浮雕"内容,将深度改为61,大小改为2;将阴影选项中角度改为90,高度改为80;高光模式改为叠加,不透明度为100,阴影模式为正片叠底,不透明度为100,颜色设置为蓝色,如图3-48所示。

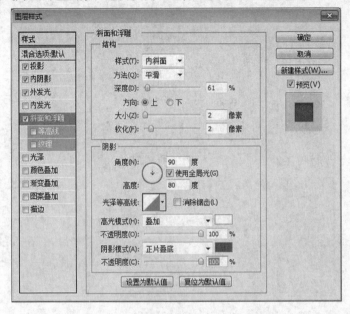

图3-48 "斜面与浮雕"样式对话框

21.选中光泽复选框。按同样方法将光泽选项结构面板中的混合模式改为"滤色",不透明度改为100,角度改为90,距离为1,大小为5,等高线为滚动斜坡-递减,如图3-49所示。

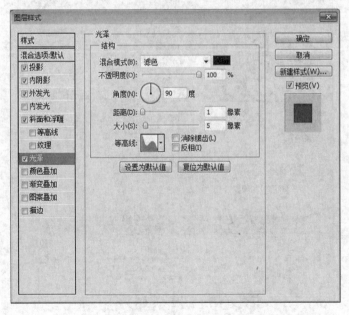

图3-49 "光泽"样式对话框

22. 选中渐变叠加复选框,按同样方法将渐变选项混合模式改为"正常",不透明度改为100,勾选反向、与图层对齐复选框,将样式改为"对称的",如图3-50所示。

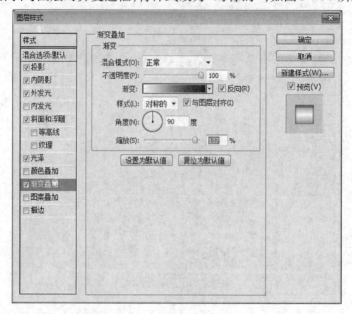

图3-50　"渐变叠加"样式对话框

23. 单击"可编辑渐变",弹出渐变编辑器,按照步骤5~7设置渐变色,左侧色标颜色为(R:28,G:106,B:192),右侧色标为(R:49,G:154,B:236),如图3-51所示。

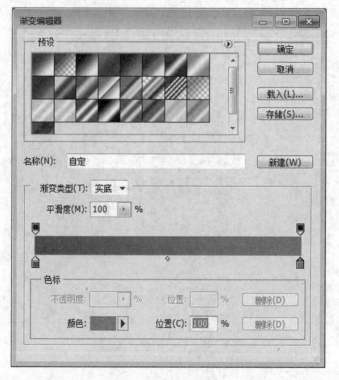

图3-51　渐变编辑器

24. 选中描边复选框,将结构选项的大小设置置为1,位置改为内部,不透明度为100;填充类型改为渐变,在渐变编辑器中按照步骤5~7设置渐变色,左侧色标颜色为(R:31,G:106,B:188),右侧色标为(R:6,G:8,B:120),如图3-52所示。

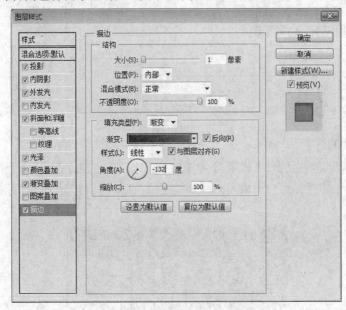

图 3 - 52　"描边"样式对话框

25. 单击确定按钮后完成实例制作,效果如图3-53所示。

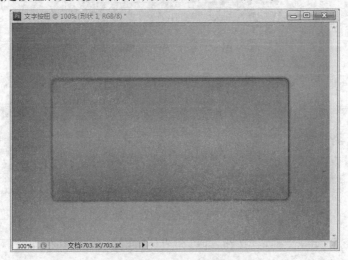

图 3 - 53　效果图

26. 执行【文件】|【存储为 Web 和设备所用格式】命令,弹出"存储为 Web 和设备所用格式"对话框,单击"存储"按钮,设置图片存储位置,单击"保存"按钮,完成图片制作。

三、任务检测

双击"网页按钮.gif"文件,查看是否能够在浏览器中顺利显示。

任务评价

评价项目	评价要素
渐变编辑器设定	设置不同颜色的渐变效果
图层样式的载入与保存	掌握图层样式的保存与载入方法

相关知识

1. 图层样式的保存

当一种样式设定完成后,可以保存为图层样式文件,方便今后使用。例如,我们制作完任务 2 中的立体按钮,在"立体按钮"文件还没有关闭时,打开"样式"面板,如图 3–54 所示。

图 3–54 "样式"面板

单击样式面板下方的新建图标 ,即可弹出"新建样式"对话框,如图 3–55 所示。

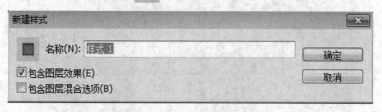

图 3–55 "新建样式"对话框

为样式命名后,单击"确定"按钮,即可完成样式的保存。同时,样式面板的最后会添加新建样式的缩略图按钮,如图 3–56 所示。

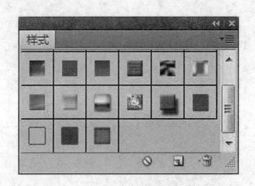

图3-56　添加了新建样式按钮的"样式"面板

2.图层样式的应用

样式面板中的所有预设的图层样式都允许用户直接应用,应用的方法也非常简单,在图层面板中选择要添加样式的图层,然后在样式面板中点击要添加的样式,样式就被应用到目标图层了。

3.图层样式的复制、清除与隐藏

在"图层"调板中选择已经应用图层样式的图层,右击鼠标弹出快捷菜单,在快捷菜单中,只需选择相应的"拷贝图层样式"、"清除图层样式"和"停用图层效果"命令,即可复制、粘贴和清除该图层中应用的图层样式。

另外,要想隐藏所有图层中的图层样式,可以选择"图层"|"图层样式"|"隐藏所有效果"命令;要想恢复显示隐藏的所有图层样式,可以选择"图层"|"图层样式"|"显示所有效果"命令。要想隐藏某个单独的图层样式,只需单击该样式名称前的"样式可见"图标;要想隐藏某个图层中应用的所有图层样式,只需再次单击效果名称前的"样式可见"图标。

学习任务3　图片按钮效果图制作

‖任务描述‖

使用图片作为网站的链接按钮也是比较常见的方式。公司要为某甜品售卖网站设计网页效果图,甜品网站提供了一些售卖甜品的效果图。设计师要求小王完成一个产品展示网页的设计与制作任务。其中产品的效果展示页面中要安排其他甜品的链接图标,以方便用户随时切换浏览产品的页面,保证网站的便利性。

任务目标

- 能掌握画笔工具的用法
- 能设计一个用于展示效果的完整的网站页面

任务分析

为甜品网站设计一个类似画册展开的动态效果展示页面,向客户提供甜品图片展示、价格说明等实用信息。每一个页面相当于画册的每一张页面,运用形式美的法则进行版式设计,注重色彩搭配,页面要着力展示店内产品,一目了然,提高客户信任度和购买欲,任务效果如图3-57所示。

图3-57 效果图

任务实施

一、任务准备

1. 确保 Photoshop CS5 软件顺利运行。
2. 确保找到客户提供的甜品素材。

二、任务实施

1. 单击【文件】|【新建】命令,弹出"新建"对话框,设置"名称"为"画册内页","宽度"为"375 px","高度"为"500 px",分辨率为72,颜色模式为"RGB",单击"确定"按钮,新建一个文件,如图3-58所示。

图 3 - 58 新建对话框

2. 选择渐变工具,设置前景色为(R:178,G:0,B:34),背景色为白色(R:255,G:255,B:255);渐变工具选项栏设置为"前景色到背景色渐变",渐变样式为线性渐变,单击 Shift 键从上到下拖动鼠标,填充渐变色,效果如图 3 - 59 所示。

3. 设置前景色为(R:124,G:95,B:29),选择文字工具,设置字体为"华文新魏",字号为"36 点",输入文字"经典起司",效果如图 3 - 60 所示。

图 3 - 59 填充渐变色效果

图 3 - 60 输入文字效果

4. 打开素材文件"甜品 7",选择椭圆选框工具,框选甜品图案;选择移动工具,移动甜品图案到"画册内页"文件中间,缩放到合适大小,效果如图 3 - 61 所示。

图3-61 添加素材效果

5. 在工具箱中选中画笔工具 ，在选项栏中单击画笔笔尖形状下拉列表，单击画笔菜单按钮 ，在弹出的菜单中选择"混合画笔"选项，弹出提示框，如图3-62所示。

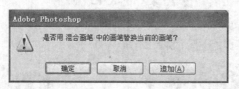

图3-62 提示框

6. 单击"追加"命令，向下拖动垂直滚动条，双击选中"三角形"画笔 。

7. 按F5键，弹出画笔编辑器，设置"间距"选项为100%，如图3-63所示。

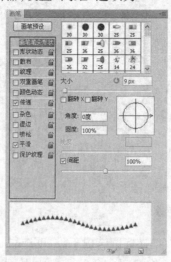

图3-63 画笔编辑器

8. 选择【图层】|【新建】|【新建图层】命令,弹出"新建图层"对话框,单击"确定"按钮。

9. 设置前景色为白色,选择文字工具,设置字体为"华文新魏",字号为"22 点",输入文字"蓝莓起司"。

10. 打开素材"价格.psd",选择移动工具,移动价格图案到"画册内页"文件,缩放到合适大小,效果如图 3 - 64 所示。

11. 设置前景色为金色(R:124,G:95,B:29),按住 Shift 键,在甜品图片上方画一条直线;重复操作,在甜品图片下方画一条直线,效果如图 3 - 65 所示。

图 3 - 64　添加价格效果

图 3 - 65　添加画笔效果

12. 设置前景色为金色(R:124,G:95,B:29),选择直排文字工具 ![直排文字工具图标],设置字体为"华文新魏",字号为"24 点",输入文字"其他口味",效果如图 3 - 66 所示。

图 3 - 66　输入文字效果

图 3 - 67　添加素材效果

13. 打开素材"甜品 8",选择椭圆选框工具,选择甜品图案;选择移动工具,移动甜品图案到"画册内页"文件中间,缩放到合适大小。

14. 打开素材"价格. psd",选择移动工具,移动价格图案到"画册内页"文件,缩放到合适大小,效果如图 3-67 所示。

15. 重复执行步骤 13 与步骤 14,完成最终制作。

16. 执行【文件】|【存储为 Web 和设备所用格式】命令,弹出"存储为 Web 和设备所用格式"对话框,单击"存储"按钮,设置图片存储位置,单击"保存"按钮,完成图片制作。

三、任务检测

双击"画册内页. gif"文件,查看是否能够在浏览器中顺利显示。

 任务评价

评价项目	评价要素
画笔工具	设置不同画笔笔尖样式
自定义画笔	掌握画笔预设下各种效果的设定方法

相关知识

1. 画笔工具初识

画笔工具是图像处理过程中使用较频繁的绘制工具,常用来绘制边缘较为柔软的线条,其效果类似于毛笔画出的线条,也可以绘制特殊形状的线条效果。

选中工具箱中的画笔工具 ,其选项栏如图 3-68 所示。

图 3-68 画笔选项栏

画笔工具选项栏中各选项含义如下:

(1)画笔笔尖 :单击画笔笔尖下拉列表,弹出画笔笔尖选项栏,可以选择画笔笔尖的形状,更改笔尖大小以及硬度,选项栏如图 3-69 所示。

(2)大小:用于设置画笔笔尖直径,数值为 1～2 500 px。

(3)硬度:在 0～100% 之间,硬度设置为 100% 时,画笔称为硬边画笔,这类画笔绘制的线条不具有柔和的边缘;硬度为 0 时,称之为软画笔,这类画笔绘制的线条为柔和边缘。

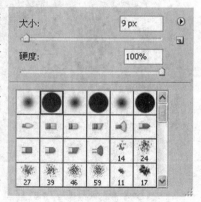

图 3-69 画笔选项栏

2. 画笔设置

单击画笔设置 按钮,弹出画笔面板,通过编辑其选项来自定义画笔笔尖,画笔笔尖决定了画笔笔迹的形状、直径和其他特性,画笔面板如图3-70所示。

(1)画笔笔尖形状:"翻转 X"选项为改变画笔笔尖在其 X 轴上的方向,"翻转 Y"选项为改变画笔笔尖在其 Y 轴上的方向;"角度"选项指定椭圆画笔的长轴从水平方向旋转的角度,可输入度数或在预览框中拖移水平轴;"圆度"选项指定画笔短轴和长轴的比率,可以直接输入百分比值,或者在预览框中拖移箭头。

(2)形状动态:在"画笔"调板中,单击复选框可以选择"形状动态"选项;如果要编辑形状动态选项,则要鼠标单击"形状动态"名称,弹出"形状动态"选项栏,如图3-71所示。

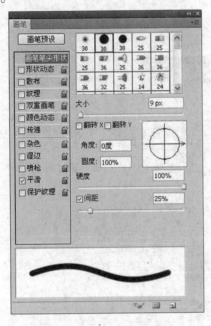

图 3-70 画笔面板

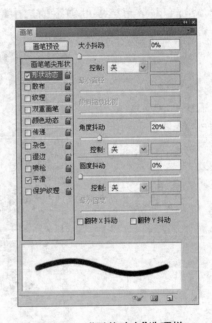

图 3-71 "形状动态"选项栏

大小抖动:指定描边中画笔笔迹大小的改变方式。大小抖动的数值越大,抖动的效果就越明显,笔刷圆点间的大小反差就越大。如果是 0,则元素在描边路线中不改变;如果是 100%,则元素具有最大数量的随机性。

角度抖动:指定描边中画笔笔迹角度的改变方式。

圆度抖动:指定描边中画笔笔迹圆度的改变方式。

例如,选择直径为 35 的硬笔刷,设置"笔尖形状"对话框的"间距"选项为 135%;设置"形状动态"对话框中"大小抖动"为 80%,拖动笔刷,效果如图3-72所示。

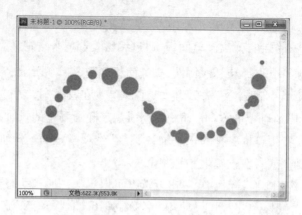

图3-72 效果图

（3）散布：散布选项可确定描边中笔迹的数目和位置。鼠标单击"散布"名称，弹出"散布"选项栏，如图3-73所示。

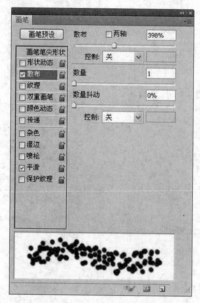

图3-73 "散布"选项栏

散布：指定画笔笔迹在描边中的分布方式，数值越大，散布范围越广。

两轴：当选择"两轴"时，画笔笔迹按径向分布；当取消选择"两轴"时，画笔笔迹垂直于描边路径分布。

数量：指定在每个间距间隔应用的画笔笔迹数量。

数量抖动：指定画笔笔迹的数量如何针对各种间距间隔而变化。

例如，选择枫叶笔尖形状，大小设置为74，拖动鼠标产生散布及形状动态与颜色动态效果，如图3-74所示。

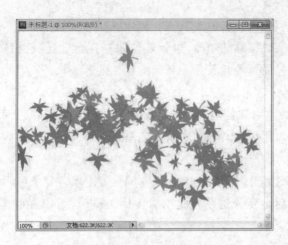

图3-74 效果图

(4)纹理:纹理画笔可以为画笔的笔迹加上图案效果。

(5)双重画笔:双重画笔使用两个笔尖创建画笔笔迹,使绘制的笔触效果更加丰富多彩。

(6)颜色动态:颜色动态决定画笔笔迹颜色的变化方式,可以绘制丰富的色彩图像。颜色动态选项栏如图3-75所示。

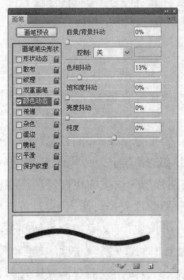

图3-75 颜色动态选项栏

3.自定义画笔

使用选区工具,在图像中创建要作为画笔的选区,画笔形状的大小最大可达2 500 × 2 500 px。单击【编辑】|【定义画笔预设】命令,在弹出的"画笔名称"对话框中单击"确定"按钮,即可定义画笔预设。

4.铅笔工具

铅笔工具常用来画一些棱角突出的线条,如同平常使用铅笔绘制的图形一样。铅笔工具的选项栏与画笔基本相同,但多了一个"自动抹除"复选框。当"自动抹除"复选框被选中后,铅笔工具即实现擦除的功能,也就是说,在与前景色颜色相同的图像区域中绘图时,会自动擦除前景色而填入背景色。

5. 颜色替换工具

颜色替换工具的作用就是用别种颜色替换当时所选择的颜色,而且它除了可以用颜色模式替换外,还可以用色相、饱和度、亮度等模式来替换。

6. 橡皮擦工具

橡皮擦工具用于擦除图像颜色,并在擦除的位置上填入背景色,如果擦除的内容是透明的图层,那么擦除后会变为透明。使用橡皮擦工具时,可以在画笔面板中设置不透明度、渐隐和湿边。

7. 背景橡皮擦工具

背景橡皮擦工具与橡皮擦工具一样,用来擦除图像中的颜色,但两者有所区别,即背景橡皮擦工具在擦除颜色后不会填上背景色,而是将擦除的内容变为透明。如果所擦除的图层是背景层,那么使用背景橡皮擦工具擦除后,会自动将背景层变为不透明的层。

8. 魔术橡皮擦工具

魔术橡皮擦工具与橡皮擦工具的功能一样,可以用来擦除图像中的颜色,该工具可以擦除一定容差度内的相邻颜色,擦除后会变成一透明图层。

 ║单元小结║

本单元利用图层样式等相关知识点制作网站按钮效果图,实例重点介绍了画笔工具的用法、图层样式的设计、应用与保存方法,试图引导用户完成画笔笔尖效果及图层样式效果等自定义效果的制作。

网页设计中按钮的设计也是十分重要的,通过它可以完成很多任务。例如,文字按钮在网页的布局中可以达到"线"或"点"构成元素的作用,无论是哪种构成元素,文字按钮都可以起到平衡画面的作用;图片形式的按钮也广泛应用在商业网页或是个人网页中,一般图片形式的按钮用于展示产品图片或是新闻索引,也可以体现出网页个性的一面;图形按钮也是网页中较为常见的一种按钮,与文字按钮类似,它在网页布局安排中起到的也是"点"或"线"的作用。图形按钮的样式较多,一般可以分为网页框架派生而出的图形按钮和相对独立的图形按钮两种;标识性按钮是商业网站中经常使用的一种按钮样式,应用十分普遍,尤其是在公司网页宣传、产品宣传等情况下应用较多。标识性按钮一般是一个公司的标识,也可是网站的 logo、产品的商标等等,它的出现完全是为了宣传,所以对整个网页形象所起的作用不大,一般会以"点"的形式出现在网页之中,起到丰富网页内容的作用。

综合测试

1. 利用【图层样式】的功能,可以制作出下图中的透明按钮效果,你认为在【投影】和【内发光】之外,显然还用到了下列选项中的(）样式。(高光部分除外)

A.【外发光】　　　　　　　　B.【内阴影】

C.【光泽】　　　　　　　　　D.【斜面和浮雕】

2. 在图像中绘制了一个矩形选区,然后执行菜单中的【编辑】/【定义图案】命令时,该命令为灰色不可选取,可能的原因是(）。

A. 矩形选区面积过大

B. 该图像色彩模式为灰度

C. 在【矩形选框工具】属性栏内预先设定了羽化值

D. 该图像色彩模式为 CMYK

3. 在【渐变编辑器】对话框中有如下图所示的颜色条,位于色条上部和下部的小方块分别用来调节渐变色的(）属性。

A.【颜色】和【位置】　　　　　　B.【颜色】和【不透明度】

C.【不透明度】和【颜色】　　　　D.【位置】和【平滑度】

4. 下列文件格式中,(）格式是一个最有效、最基本的有损压缩格式,它能够被绝大多数的图形处理软件所支持。

A. EPS　　　　　　B. JPEG　　　　　　C. PSD　　　　　　D. PDF

5. 如右图所示,使用魔术棒工具对图像进行选择,在下图显示的选区增加过程中,应该使用图中哪个按钮辅助选择?(）

A. A　　　　　　　　B. B

C. C　　　　　　　　D. D

6. 在填充渐变颜色时,应用 【渐变工具】按住鼠标拖曳,形成一条直线,直线的长度和方向决定了渐变填充的(）。

A. 区域和方向

B. 色彩效果

C. 透明度

D. 渐变类型

7. 要使原稿(左图)发生柔和自然的变形,以得到右图所示的效果,应该采用的变形方式为(　　)。

A.【编辑】/【变换】/【扭曲】　　　　B.【编辑】/【变换】/【斜切】

C.【编辑】/【变换】/【透视】　　　　D.【编辑】/【变换】/【变形】

8. 如果要绘制出如下图所示的断续的点状线,需要在【画笔】控制面板中将(　　)数值加大。

A.【渐隐】　　　　B.【硬度】　　　　C.【数量抖动】　　　　D.【间距】

9. 如果要绘制出下图中所示的逐渐淡出的笔触,需要在【画笔】控制面板中设置的一项重要参数是(　　)。

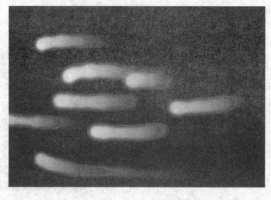

A.【抖动】　　　　B.【湿边】　　　　C.【颜色动态】　　　　D.【渐隐】

10. 下列对工具箱中【切片工具】的描述不正确的是(　　)。

A. 可以自定义切片的数量　　　　B. 可以自定义切片面积的大小

C. 能生成大小不同的切片面积　　　　D. 不能创建基于参考线的切片

第四单元　矢量元素处理

单元概述

　　矢量图是由一系列线条构成的图形,而这些线条的"颜色"、"位置"、"曲率"、"粗细"等属性都是通过复杂的数学公式来表达的。一般图像处理软件都会具有位图和矢量图这两种图的处理能力,而且必定会以其中的一种为主,另一种为辅。比如 Photoshop 就是以位图为主,矢量图为辅。Photoshop 的矢量图功能是指以围绕路径为核心的一些绘图功能,比如路径本身、形状图层等基本知识点。

　　本单元将引导学生完成商业网站中文字、路径等矢量元素的运用,涉及 Photoshop 软件的相关知识包括文字工具、形状工具、钢笔工具等。

学习任务 1 制作网络插画

‖任务描述‖

小王是一家网站制作公司的助理设计师,处于实习阶段。在圣诞节到来之前,设计师要求小王制作一幅网络插画,体现圣诞气氛,小王选择使用形状工具完成画面的制作。

‖任务目标‖

- 能掌握形状工具组的各工具用法
- 能设定自定义形状工具
- 能区分路径与形状图层的区别
- 能掌握路径的描边、转化为选区、复制、移动、变形等操作

‖任务分析‖

为体现圣诞的欢乐气氛,小王决定用红色做背景,文字做边框,同时融合圣诞树和圣诞快乐等文字信息体现圣诞的欢快气氛。

‖任务实施‖

一、任务准备

1. 确保 Photoshop CS5 软件顺利运行。

2. 确保找到"圣诞快乐"的图片素材。

二、任务实施

1. 执行【开始】|【程序】命令,单击"Adobe Photoshop CS5"启动软件。

2. 单击【文件】|【新建】命令,弹出"新建"对话框,如图 4 – 1 所示。

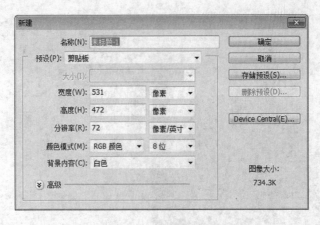

图 4-1 "新建"对话框

3.在"名称"文本框中输入"圣诞快乐"文字,将"宽度"文本框的数值改为 650 px,高度改为 400 px,单击"确定"按钮,新建"圣诞快乐"文件。

4.设置前景色为红色,选中油漆桶工具,在背景中单击鼠标,将背景色填充为红色。

5.在工具箱中选择自定义形状工具 ![img],选中路径图标 ![img],单击工具选项栏中的形状 ![img] 下拉列表,选中邮票 2 □ 图标,从文件的左上角向右下角拖动鼠标,画出矩形边框,如图 4-2 所示。

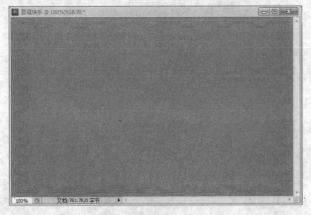

图 4-2 效果图

6.在工具箱中选择文字工具,单击工具选项栏中的颜色图标 ![img],弹出选择文本颜色对话框,选择黄色后单击"确定"按钮。文本颜色对话框如图 4-3 所示。

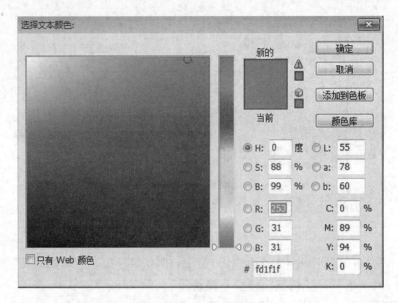

图4-3 文本颜色对话框

7. 当鼠标移动到路径边框上文字工具图标发生变换时单击左键,输入 Merry Christmas 文字,并不断复制,直到文字布满整个边框,执行 Ctrl + Enter 完成文字输入,如图 4 – 4 所示。

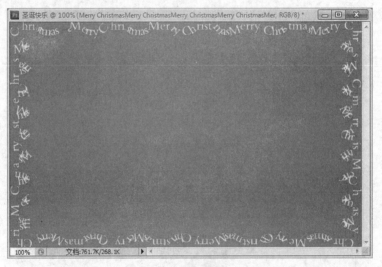

图4-4 效果图

8. 在工具箱中选择自定义形状工具   ,选中形状图层图标   ,单击工具选项栏中的形状   下拉列表,选中图标树   ;单击工具选项栏中的颜色图标   ,弹出选择文本颜色对话框,选择绿色后,单击"确定"按钮。在文件的左侧拖动鼠标,画出树的形状,如图 4 – 5 所示。

图 4-5 效果图

9. 单击【文件】|【打开】命令,打开"打开文件"对话框,找到"配套素材文件"|"单元四"文件夹,打开"圣诞快乐. gif"文件。

10. 选择移动工具,将文字移动到"圣诞快乐"文件中,如图 4-6 所示。

图 4-6 效果图

11. 执行【文件】|【存储为 Web 和设备所用格式】命令,弹出"存储为 Web 和设备所用格式"对话框,单击"存储"按钮,设置图片存储位置,单击"保存"按钮,完成图片制作。

三、任务检测

双击"圣诞快乐. gif"文件,查看是否能够在浏览器中顺利显示。

 ||任务评价||

评价项目	评价要素
钢笔工具	理解路径的作用、描边、转化为选区等命令的用法
路径的基本操作	掌握路径的创建、复制、移动、变换等操作

相关知识

路径是 Photoshop 中的重要工具,主要用于绘制光滑线条,定义画笔等工具的绘制轨迹,以及与选择区域之间的转换。

1. 路径的基本概念

路径是由一个或多个直线或曲线线段所组成的一段闭合或者开放的曲线段。锚点会标示出路径线段的端点。在曲线线段上,每一个选取的锚点都会显示一个或两个以方向点结束的方向线。方向线和方向点的位置会决定曲线线段的尺寸和形状,移动这些成分就会重设路径中的曲线形状。选取的锚点为实心的圆形,未选取的锚点为空心的圆形。各概念如图 4-7 所示。

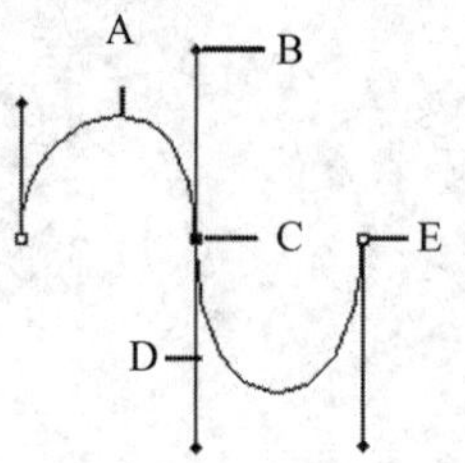

图 4-7 路径的概念
路径:A. 曲线线段 B. 方向点
C. 选取的锚点 D. 方向线
E. 未选取的锚点

2. 创建路径

路径可以是封闭的,也可以是开放的,在 Photoshop 中,可以使用钢笔工具、自由钢笔工具或形状工具来创建路径。

(1)绘制直线

使用"钢笔"工具可以绘制的最简单路径是直线,将钢笔工具定位在起点并单击创建第一个锚点,继续单击可创建由直线段组成的路径。

按 Shift 键并单击钢笔工具可以将方向线的角度限制为 45 度的倍数。如果要绘制闭合路径,则将"钢笔"工具定位在初始锚点上,这时,钢笔工具指针旁将出现一个小圆圈 ，单击或拖动可闭合路径。开放与闭合路径如图 4-8 所示。

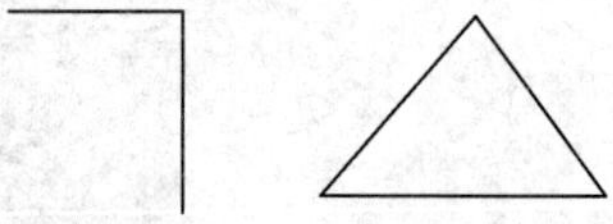

开放路径　　　　闭合路径

图 4-8 开放与闭合路径

(2)绘制曲线

单击钢笔工具定位曲线的起点,并按住鼠标左键不放,此时会出现方向线和方向点,拖动鼠标设置好方向线的长度与角度,松开鼠标后创建第一个锚点;依次类推可以创建曲线。绘制曲线时相邻锚点的方向线方向相反,出现的曲线为弧线;

方向线方向相反　　　方向线方向相同

图 4-9 弧线与 S 形曲线

方向线方向相同,出现的曲线为"S"形曲线,我们称之为"同向 S,反向弧"。弧线与 S 形曲线如图 4-9 所示。

3. 钢笔工具

钢笔工具组是描绘路径的常用工具,使用钢笔工具可以直接产生直线线段路径和曲线路径。单击钢笔工具 ，选项栏如图 4-10 所示。

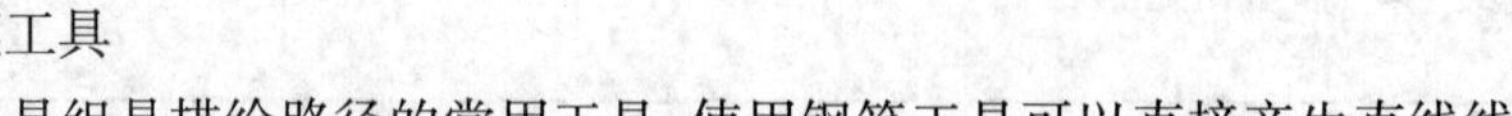

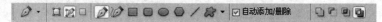

图 4-10 钢笔工具选项栏

选项栏中各选项的含义如下：

形状图层 [icon]：在单独的图层中创建形状。可以使用形状工具或钢笔工具来创建形状图层。形状图层包含定义形状颜色的填充图层以及定义形状轮廓的链接矢量蒙版。形状轮廓是路径，它也会出现在"路径"面板中。

路径 [icon]：在当前图层中绘制一个工作路径，可以存储工作路径，否则它是一个临时路径。在路径面板中可以查看路径。

填充像素 [icon]：只有在使用形状工具时，此模式才可用。在此模式中，创建的是栅格图像，而不是矢量图形。可以直接在图层上绘制图像，像处理任何栅格图像一样来处理绘制的形状。

钢笔工具 [icon]：此选项表示当前工作的是钢笔工具。

自由钢笔工具 [icon]：此选项表示当前选中的是自由钢笔工具，可以在图像中拖动鼠标进行绘制，释放鼠标，工作路径即创建完毕。按下此选项，会出现 [icon]磁性的 复选框，选择"磁性的"复选框，可以将自由钢笔工具转换成磁性钢笔工具 [icon]。用磁性钢笔绘图可以绘制与图像中定义区域的边缘对齐的路径，可以与磁性套索工具共用很多相同的选项。

形状按钮组 [icons]：形状按钮组中的按钮分别代表矩形、圆角矩形、椭圆、多边形、线段以及自定义形状。最右侧的下拉按钮 [icon] 为每个形状工具提供选项子集，可以设定形状的比例，线段的箭头等选项。

自动添加/删除复选框 [icon]自动添加/删除：此选项可以使钢笔工具在单击线段时自动添加锚点，或在单击锚点时自动删除锚点。

选择路径区域选项 [icons]：可以确定重叠路径组件如何交叉。添加到路径区域 [icon]，将新区域添加到重叠路径区域；从路径区域减去 [icon]，将新区域从重叠路径区域移去；交叉路径区域 [icon]，将路径限制为新区域和现有区域的交叉区域；重叠路径区域除外 [icon]，从合并路径中排除重叠区域。

自由钢笔工具 [icon]：同钢笔工具选项栏中讲解。

添加锚点工具 [icon]：用于在已存在的路径上插入一个关键点并产生两个调节手柄，利用这两个手柄可以对路径线段进行调节。

删除锚点工具 [icon]：与添加锚点工具的功能相反，这个工具用来删除路径上已存在的点。

转换点工具："转换点工具"可以调整方向线，改变路径形状，调整一侧方向点，另一侧不受影响。也可以将锚点变为尖点，也可以从锚点中拖拉出控制柄。在使用钢笔工具时，按下 Alt 键，可将钢笔工具转化为转换点工具，松开 Alt 键恢复钢笔工具。

4. 形状工具组

Photoshop 中的绘图包括创建矢量形状和路径。在 Photoshop 中，可以使用任何形状工具、钢笔工具或自由钢笔工具进行绘制。形状工具组共包括矩形、圆角矩形、椭圆、多边形、线段以及自定义形状等六种工具，使用方法与钢笔工具的相关选项一致。

5. 路径面板概述

单击【窗口】|【路径】可以打开路径面板，如图 4 - 11 所示。

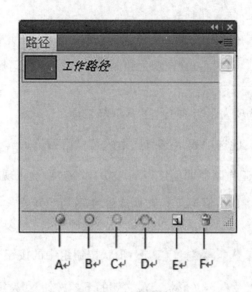

图 4 - 11　路径面板

路径面板下方的命令按钮含义如下：

A—用前景色填充路径

B—用画笔描边路径

C—将路径作为选区载入

D—从选区生成工作路径

E—创建新路径

F—删除当前路径

6. 存储工作路径

路径面板中的工作路径是指临时路径，还未保存。要存储路径，可将工作路径名称拖动到"路径"面板底部的"新建路径"按钮，路径自动使用默认名称保存；在"路径"面板菜单中选取"存储路径"可输入新的路径名。

7. 选择/取消选择路径

在"路径"面板中单击路径名，可以选择路径，一次只能选择一条路径；在"路径"面板的空白区域中单击，或按 Esc 键可以取消路径选择。

8. 变换路径

在路径面板中选择路径后，单击【编辑】|【自由变换路径】，可以自由变换路径。单击

【编辑】|【变换路径】可弹出变换路径的子命令,包括缩放、旋转、斜切、扭曲、透视、变形、翻转等命令,工作原理与编辑菜单的变换命令功能基本相同。

9. 路径选择工具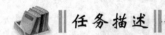

(1)选中路径:在"路径"面板中单击路径,使用路径选择工具 单击路径中的任何位置,即可选择路径(包括形状图层中的形状),并可以在图像中移动路径。要选择多个路径组件,按住 Shift 键并单击其他路径组件,可以将路径同时选中,一同编辑。

(2)复制路径:使用路径选择工具 选择路径,按住 Alt 键并拖动所选路径可以复制选中的路径。

(3)显示定界框:单击选项栏的显示定界框选项 □ 显示定界框,可以对选中的路径进行自由变换,功能与【编辑】|【自由变化路径】功能相同。

10. 直接选择工具

直接选择工具 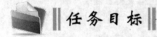 主要用来选择并移动锚点。在"路径"面板中选择路径,使用直接选择工具 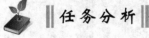 选择路径中的锚点,可以移动锚点及其方向线,按住 Alt 键可以单独修改一条方向线。使用过程中按住 Ctrl 键将切换到路径选取工具 。

学习任务2 图文排版设计

▌▌任务描述▌▌

某社交网站要进行网站改版,其中关于文字排版的制作提出想法,要求设计师制作不规则的排版形式,设计师要求小王来完成这个任务。

▌▌任务目标▌▌

- 掌握文字工具的用法
- 能利用路径排出不规则的版式

▌▌任务分析▌▌

在 Photoshop 中,文字排版功能不如矢量软件(如 Illustrator)方便,但是从图像编辑角度讲,Photoshop 的文字排版也是非常实用的。一般来讲,少量文字直接输入后进行图文编辑即可,本任务主要说明大量文字且文字区域为异形的情况下如何排版,效果如图

4－12所示。

图 4－12　图文排版效果图

 ‖任务实施‖

一、任务准备

1. 确保 Photoshop CS5 软件顺利运行。

2. 确保找到装饰的图片素材。

二、任务实施

1. 执行【开始】｜【程序】命令，单击"Adobe Photoshop CS5"启动软件。

2. 单击【文件】｜【新建】命令，弹出"新建"对话框，设置文件宽度为 1 024 px，高度为 768 px，如图 4－13 所示。

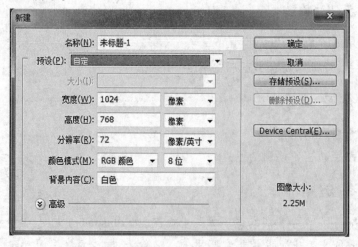

图 4－13　"新建"对话框

3. 设置文件名称为"版式设计",单击确定按钮。

4. 在图层面板上点击"新建图层"按钮,创建图层。此时图层面板如图4-14所示。

5. 在新建图层上,执行"滤镜"|"Alien. Skin. xenofex2"|"折皱"命令,滤镜菜单如图4-15所示。

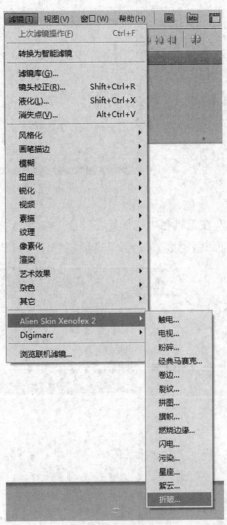

图4-14 图层面板   图4-15 滤镜菜单

特别提示

    这个滤镜为外挂滤镜,可以自己下载,下载安装后在滤镜菜单下可以看到该滤镜的命令。

6. 执行褶皱滤镜后文档效果如图 4 - 16 所示。

图 4 - 16 效果图

7. 在工具箱中选择矩形工具，在工具选项栏中设置路径工具属性，要选中"路径"，"添加到路径区域"。工具选项栏如图 4 - 17 所示。

图 4 - 17 工具选项栏

8. 在文档上用"矩形工具"画一个矩形，如图 4 - 18 所示。

图 4 - 18 效果图

9. 再次选中"矩形工具"，在属性栏中选中"路径"，"从路径区域减去"，用"矩形工具"再画两个矩形，并与先前画的矩形相交，如图 4 - 19 所示。

图4-19 效果图

10. 选取"路径选择工具",单机鼠标框选三个矩形,如图4-20所示。

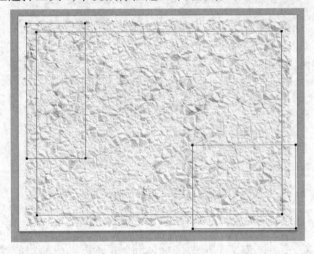

图4-20 效果图

11. 选取"路径选择工具",并选中所有组合以后,在属性面板中点击"组合"按钮,如图4-21所示。

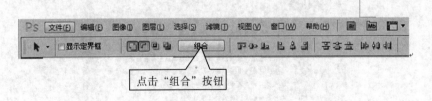

点击"组合"按钮

图4-21 工具选项栏

12. 点击"组合"按钮后,路径被"减去"了两个角,这里就是我们要排文字的区域,如图4-22所示。

图 4 - 22　效果图

13. 在矩形区域内排好文字,如图 4 - 23 所示。

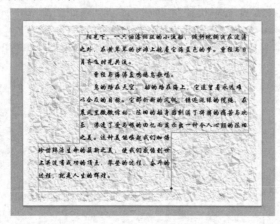

图 4 - 23　效果图

14. 选择直排文字工具,为文章加上文章标题"船 张烨",分别设置文字大小,如图 4 - 24 所示。

图 4 - 24　效果图

15. 选择两个图片素材分别放到文档的左上角和右下角,并设置图层混合模式为"正片叠底",调整图片的透明度为70%,图层面板如图4-25所示。

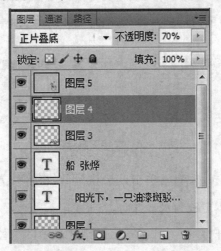

图4-25　图层面板

16. 执行【文件】|【存储为 Web 和设备所用格式】命令,弹出"存储为 Web 和设备所用格式"对话框,单击"存储"按钮,设置图片存储位置,单击"保存"按钮,完成图片制作。

特别提示

　　本实例中的素材用户可以自己设计,注意右下角的图片要配合文章意境,左上角的图片能衬托标题文字即可。

三、任务检测

双击"版式设计. gif"文件,查看是否能够在浏览器中顺利显示。

 任务评价

评价项目	评价要素
文字工具	设置文字的大小、字体和颜色
直排文字工具	能够输入直排文字

相关知识

1. PS 文字简介

文字是设计作品的重要组成部分,它不仅可以传达信息,还能起到美化版面、强化主题的作用。Photoshop 提供了四种文字工具,其中横排文字工具 T 和直排文字工具 T 用来创建点文字、段落文字和路径文字;横排文字蒙版工具 T 和直排文字蒙版工具 T

用来创建文字选区。

2. 文字工具选项栏

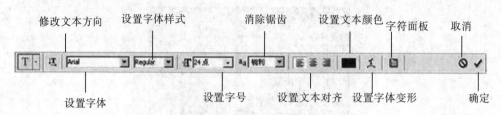

图 4-26　文字工具选项栏

（1）【更改文本方向】按钮：单击此按钮，可以将水平方向的文本更改为垂直方向，或者将垂直方向的文本更改为水平方向。

（2）【设置字体系列】Arial：此下拉列表中的字体用于设置输入文字的字体；也可以将输入的文字选择后再在字体列表中重新设置字体。

（3）【设置字体样式】Regular：在此下拉列表中可以设置文字的字体样式，包括Regular（规则）、Italic（斜体）、Bold（粗体）和 Bold Italic（粗斜体）等字型。

（4）【设置字体大小】12 点：用于设置文字的大小。

（5）【设置消除锯齿的方法】锐利：决定文字边缘消除锯齿的方式包括【无】、【锐利】、【犀利】、【浑厚】和【平滑】5 种方式。Photoshop 会通过部分地填充像素边缘来产生边缘平滑的文字，使文字的边缘混合到背景中而看不出锯齿。

（6）对齐方式按钮：在使用【横排文字】工具输入水平文字时，对齐方式按钮显示为，分别为"左对齐"、"水平居中对齐"和"右对齐"；当使用【直排文字】工具输入垂直文字时，对齐方式按钮显示为，分别为"顶对齐"、"垂直居中对齐"和"底对齐"。

（7）【设置文本颜色】色块：单击此色块，在弹出的【拾色器】对话框中可以设置文字的颜色。

（8）【创建文字变形】按钮：单击此按钮，将弹出【变形文字】对话框，用于设置文字的变形效果。

（9）【字符面板】按钮：单击此按钮，弹出字符面板对话框，用于设置文字的字体和段落格式。

（10）【取消所有当前编辑】按钮：单击此按钮，则取消文本的输入或编辑操作。

（11）【提交所有当前编辑】按钮：单击此按钮，确认文本的输入或编辑操作。

3. 点文字的输入方法

点文字是一个水平或垂直的文本行，在处理标题等字数较少的文字时，可以通过点文字来完成。

利用文字工具输入点文字时,每行文字都是独立的,行的长度随着文字的输入而不断增加,无论输入多少文字都是显示在一行内,只有按 Enter 键才能切换到下一行输入文字。

输入点文字的操作方法为:选择 T 或 T 工具,鼠标光标显示为文字输入光标 I 或 形状,在文件中单击,指定输入文字的起点,然后在属性栏或【字符】面板中设置相应的文字选项,再输入需要的文字即可。按 Enter 键可使文字切换到下一行,单击属性栏中的按钮 ✓,即可完成点文字的输入。

4. 格式化字符

格式化字符是指设置字符的属性,包括字体、大小、间距、缩放、比例间距和文字颜色等。输入文字之前,可以在工具栏选项中设置字符的属性。创建文字之后,还可以通过"字符"面板设置字符属性。

默认情况下,设置字符属性会影响所选文字图层中的所有文字,如果要修改部分文字,可以先用文字工具将它们选择,再进行编辑。

5. 输入文字选区

使用【横排文字蒙版】工具 T 和【直排文字蒙版】工具 T 可以创建文字选区,文字选区具有其他选区相同的性质。创建文字选区的操作方法为:选择图层,然后选择【文字】工具组中的 T 或 T 工具,并设置文字选项,再在文件中单击,将会出现一个红色的蒙版,这时开始输入需要的文字,单击属性栏中的 ✓ 按钮,即可完成文字选区的创建。

6. 文字的变形

"变形文字"对话框用于设置变形选项,包括文字的变形样式和变形程度。单击属性栏中的 工 按钮,弹出【变形文字】对话框。

(1)【样式】:此下拉列表中包含 15 种变形样式,选择不同样式产生的文字变形效果。

(2)【水平】和【垂直】:设置文本是在水平方向还是在垂直方向上进行变形。

(3)【弯曲】:设置文本扭曲的程度。

(4)【水平扭曲】和【垂直扭曲】:设置文本在水平或垂直方向上的扭曲程度。

(5)在没有将文本栅格化或者转变为形状之前,可以随时重置与取消变形。

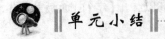 单元小结

本单元主要讲解在 Photoshop 中如何应用矢量元素,包括文字工具组及路径相关概念。文字本身可以传达信息,配合形状路径等元素可以制作路径文字丰富画面,增强设计感。路径是 Photoshop 中的重要工具,其主要用于进行光滑图像选择区域及辅助抠图,绘制光滑线条,定义画笔等工具的绘制轨迹,输出、输入路径及和选择区域之间的转换。在 Photoshop 中主要使用钢笔工具绘制路径,也可以使用形状工具以及自定义形状中的图标

来绘制路径。

综合测试

1. 要调节路径的平滑角和转角形态,应采用的工具是(   )。

A.   B.   C.   D. 自由钢笔工具

2. 在路径的调整过程中,如果要整体移动某一路径,可以使用下列选项中的(   )工具来实现。

A.   B.   C.   D.

3. 能够将【路径】面板中的工作路径转换为选区的快捷键是(   )。

A. Ctrl + Enter   B. Ctrl + E   C. Ctrl + T   D. Ctrl + V

4. 单击【动作】面板中的(   )按钮可以新建一个动作组,动作组如同图层中的图层组,是用来管理具体的动作的。

A.   B.   C.   D.

5. 应用【多边形工具】在背景图层中绘制一个普通的单色填充多边形,绘制前应先在属性栏中单击(   )按钮。

A.   B.   C.   D.

6. 在 Photoshop 中为一条直线自动添加箭头的正确操作是(   )。

A. 在 【矩形选框工具】属性栏内设置【箭头】参数

B. 在 【直线工具】属性栏内先设置【箭头】参数,然后绘制直线

C. 先用 【直线工具】绘制出一条直线,然后再修改属性栏内的【箭头】参数

D. 应用绘图工具在直线一端绘制箭头图形

7. 下列选项中的(   )不能用来编辑快速蒙版的形态。

A. 铅笔工具   B. 毛笔工具   C. 橡皮工具   D. 历史记录画笔工具

8. 在【变形文本】对话框中提供了很多种文字弯曲样式,下列选项中的(   )不属于 Photoshop 中的弯曲样式。

A.【扇形】   B.【拱形】   C.【放射形】   D.【鱼形】

9. 选取 【横排文本工具】,在其选项栏内单击(   )按钮,可以弹出【字符】面板和【段落】面板。

A.   B.   C.   D.

10. 要想使左图中的曲线路径局部变为直线,应该采用的方法是(　　)。

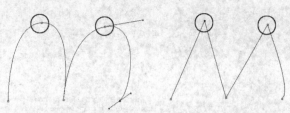

   A. 使用【直接选择工具】单击曲线路径顶端的平滑节点,使它转换为角点

   B. 使用【删除节点工具】将顶端节点两侧的方向线删除

   C. 使用　工具单击曲线路径顶端的平滑节点,使它转换为角点

   D. 使用【路径选择工具】单击路径上的平滑节点,使它转换为角点

11. 在 Photoshop 中可以对位图进行矢量图形处理的是(　　)。

   A. 路径　　　　　　　B. 选区　　　　　　　C. 通道　　　　　　　D. 图层

12. 应用【矢量绘图工具组】中的任一工具在图中绘制一个普通的单色填充图形,绘制前都应先在属性栏中点中(　　)按钮。

   A.　　　　　　B.　　　　　　C.　　　　　　D.

13. 要应用【多边形工具】绘制出如图所示的向内收缩的各种星形,在属性栏中必须点中(　　)选项。

   A.【星形】　　　　　　　　　　B.【星形】与【平滑拐角】

   C.【星形】与【平滑缩进】　　　　D.【星形】、【平滑缩进】与【平滑拐角】

14. 选取【横排文本工具】,在其属性栏内单击(　　)按钮,可以弹出【字符】面板和【段落】面板。

   A.　　　　　　B.　　　　　　C.　　　　　　D.

15. 如图所示的段落文本一侧沿斜线排列,要编排出这种版式正确的操作步骤是(　　)。

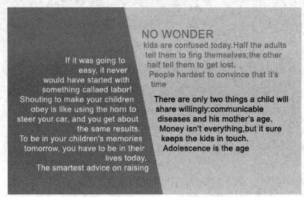

    A. 输入文字,然后将文本框旋转一定的角度

    B. 先用 【钢笔工具】绘制出闭合四边形路径,然后将鼠标放置在路径内任意位置单击,然后在路径内输入文字即可

    C. 先用 【钢笔工具】绘制出闭合四边形路径,然后将鼠标放置在路径上任意位置单击,然后在路径内输入文字即可

    D. 输入文字,然后对文本框执行菜单中的【编辑】/【变换】/【变形】命令

16. 自定义图案时,正确的操作步骤是(　　)。

    A. 应用 【图章工具】,按住 Alt 键在需要定义为图案的位置单击

    B. 应用 【图案图章工具】在需要定义为图案的位置单击

    C. 应用任意一种选框工具,创建一个羽化值为"0 px"的选区,然后执行【编辑】/【定义图案】命令

    D. 应用 【矩形选框工具】创建一个羽化值为"0 px"的矩形选区,然后执行【编辑】/【定义图案】命令

17. 应用【矢量绘图工具组】中的工具进行绘图时,每绘制一个图形(或一条直线),便会在如图所示的【图层】面板中自动增加一个【形状层】的原因是(　　)。

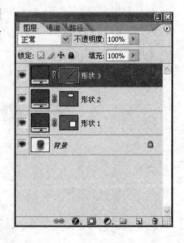

    A. 在属性栏中点中了 图标

    B. 在属性栏中点中了 图标

    C. 在属性栏中点中了 图标

    D. Photoshop 中矢量图形都会自动形成形状层

18. 左图是一个字母形状的路径,要在它的基础上得到右图所示的点状字效果,应该采取下列选项中的(   )方法。

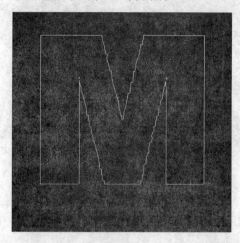 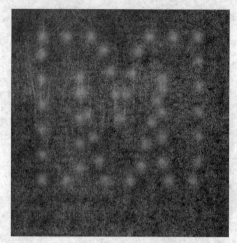

A. 应用【路径】面板弹出菜单中的【填充路径】命令

B. 应用【路径】面板弹出菜单中的【描边路径】命令

C. 执行菜单中的【编辑】/【描边】命令

D. 将路径先转为选区,然后再执行菜单中的【编辑】/【描边】命令

19. 分辨率设置为(   )以上的图像可以满足任何输出要求。

A. 72 像素/英寸　　　　　　　　　　B. 150 像素/英寸

C. 300 像素/英寸　　　　　　　　　　D. 350 像素/英寸

20. 当你要对文本图层执行滤镜效果时,首先需要将文本图层进行栅格化,下列选项中的(   )操作不能进行文字的栅格化处理。

A. 执行菜单中的【图层】/【栅格化】/【文字】命令

B. 执行菜单中的【图层】/【文字】/【转换为形状】命令

C. 直接选择一个滤镜命令,在弹出的栅格化提示框中单击"是"按钮

D. 执行菜单中的【图层】/【栅格化】/【图层】命令

第五单元　图像修复与调色

单元概述

　　通过 Photoshop 绘制或数码相机拍摄的图像有时会存在一些问题,如人物面部斑点过多、红眼、有多余物体等,这时就需要利用 Photoshop 提供的不同图像修饰工具来消除这些不足之处,掌握这些功能是非常实用的。在对细节部分进行细微处理的过程中,可以使用 Photoshop 提供的多个用于图像画面处理的工具,如"模糊"工具用于降低图像画面清晰度的处理操作,"锐化"工具用于突出图像画面颜色清晰度的处理操作,"涂抹"工具用于处理图像被水涂抹过的水彩画效果,"污点修复画笔"工具、"修复画笔"工具、修补工具和"红眼"工具等多个工具可以修复图像。利用这些工具,用户可以有效地清除图像上的杂质、刮痕和褶皱等图像画面的瑕疵。

　　本单元将引导学生完成人物面部瑕疵处理、图像色彩校正等实例,涉及 Photoshop 软件的相关知识包括图章工具、仿制图章工具、修复画笔、污点修复画笔等。

学习任务 *1* 去除面部瑕疵

‖任务描述‖

小王是一家网站制作公司的助理设计师,一天,小王收到设计师发来的一些客户照片,要求小王将客户面部的斑点、红眼等元素去除,并且将任务面部皮肤处理得细腻一些。

‖任务目标‖

- 掌握污点修复画笔、修复画笔、红眼等工具的用法
- 掌握图案图章工具和仿制图章工具的用法
- 能对人物面部皮肤做简单的磨皮处理

‖任务分析‖

本任务的面部皮肤问题主要有斑点过大、过多,这些可以使用污点修复画笔做初步的修复;眼睛有红眼效果,可以使用红眼工具进行消除,另外,要结合历史记录画笔和模糊滤镜完成人物面部皮肤的处理。

‖任务实施‖

一、任务准备

1.确保 Photoshop CS5 软件顺利运行。

2.打开人物图片。

二、任务实施

1.单击【文件】|【打开】命令,打开"打开文件"对话框,找到"配套素材文件"|"单元五"文件夹,打开"人物图片.jpg"文件,如图 5-1 所示。

2.观察需要修饰的面部元素,发现面部有较大的斑点,选择污点修复画笔,在选项工具栏中设置画笔大小为 19 px,在斑点处单击鼠标,斑点即可消除,效果如图 5-2 所示。

图5-1　人物照片　　　　　　　　　图5-2　斑点消除效果图

3.选择污点修复画笔工具,按照步骤2在每个斑点处单击鼠标,即可将全部比较大的斑点消除。

4.选择红眼工具,在人物眼睛红眼部分单击鼠标,红眼效果马上去除,效果如图5-3所示。

5.单击窗口|历史记录,打开历史记录面板,单击历史记录面板下方的"创建新快照按钮",创建快照1,历史记录面板上方出现快照1,如图5-4所示。

图5-3　红眼去除效果图　　　　　　图5-4　创建快照1历史记录面板

6.执行滤镜|模糊|高斯模糊,弹出高斯模糊对话框,如图5-5所示。

7.将半径选项改为2.0,单击"确定"按钮,完成模糊效果。

8.再次单击历史记录面板下方的"创建新快照按钮",创建快照2,历史记录面板上方出现快照2,如图5-6所示。

图5-5 高斯模糊对话框

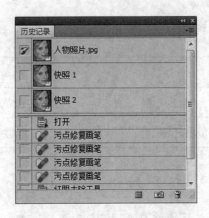

图5-6 创建快照2历史记录面板

9.选择历史记录画笔工具,单击快照2前面的选择框选中快照2,历史记录面板如图5-7所示。

10.鼠标单击历史记录面板上方的快照1,选择当前快照,历史记录面板如图5-8所示。

图5-7 快照2历史记录画笔工具面板

图5-8 快照1为当前快照历史记录面板

11.在人物面部皮肤上拖动鼠标,发现人物皮肤变得细腻,不断变化画笔笔尖的大小,直到覆盖人物面部所有皮肤。注意要避开眉毛、嘴唇等非皮肤的部分,最终效果如图5-9所示。

12.执行【文件】|【存储为】命令,弹出"存储为"对话框,设置图片存储位置,单击"保存"按钮,完成图片制作。

三、任务检测

双击"人物照片.jpg"文件,查看人物面部皮肤是否修复完成。

图5-9 面部瑕疵去除效果图

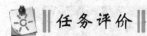

任务评价

评价项目	评价要素
修复工具组	理解污点修复画笔、修复画笔、红眼工具等工具的具体用法
历史记录画笔	能够结合面部历史记录完成某幅画面的恢复

相关知识

1. 污点修复画笔工具

污点修复画笔工具可以快速去除照片中的污点，尤其是对人物面部的疤痕、雀斑等小面积内的缺陷修复最为有效。其修复原理是：在所修饰图像位置的周围自动取样，然后将其与所修复位置的图像融合，得到理想的颜色匹配效果。

2. 修复画笔工具

修复画笔工具与污点修复画笔工具的修复原理基本相似，都是将没有缺陷的图像部分与被修复位置有缺陷的图像进行融合，得到理想的匹配效果。

使用修复画笔工具时需要先设置取样点，即按住 Alt 键，用鼠标光标在取样点位置单击（单击处的位置为复制图像的取样点）；松开 Alt 键，然后在需要修复的图像位置按住鼠标左键拖曳，即可对图像中的缺陷进行修复。修复后的图像与取样点位置图像的纹理、光照、阴影和透明度相匹配，从而使修复后的图像不留痕迹地融入图像中。

3. 修补工具

利用修补工具可以用图像中相似的区域或图案来修复有缺陷的部位或制作合成效果。与修复画笔工具一样，修补工具会将设定的样本纹理、光照和阴影与被修复图像区域进行混合，从而得到理想的效果。该工具的特别之处是需要用选区来定位修补范围。

4. 红眼工具

利用红眼工具可以迅速地去除用闪光灯拍摄的人物照片中的红眼，以及动物照片中的白色或绿色反光。其使用方法非常简单，选择工具，在属性栏中设置合适的【瞳孔大小】和【变暗量】参数后，在人物的红眼位置单击即可校正红眼。

5. 仿制图章工具

仿制图章工具的功能是复制和修复图像，它通过在图像中按照设定的取样点来覆盖原图像或应用到其他图像中来完成图像的复制操作。常用于复制图像内容或去除照片中的缺陷。

仿制图章工具的使用方法为：选择工具后，先按住 Alt 键，在图像中的取样点位置单击（单击处的位置为复制图像的取样点），然后松开 Alt 键，将鼠标光标移动到需要修复的图像位置拖曳，即可对图像进行修复。

6. 图案图章工具

图案图章工具可以利用 Photoshop 提供的图案或者自定义的图案进行绘画。

7. 模糊 **与锐化** **工具**

模糊工具可以柔化图像,减少图像细节;锐化工具可以增强图像中相邻像素之间的对比,提高图像的清晰度。选择这两个工具后,在图像中单击并拖动进行处理。

8. 加深工具 **与减淡工具**

减淡工具可以对图像的阴影、中间色和高光部分进行提亮和加光处理,从而使图像变亮;加深工具则可以对图像的阴影、中间色和高光部分进行遮光变暗处理,从而使图像变暗。

9. 涂抹工具

使用涂抹工具涂抹图像时,可拾取鼠标单击点的颜色,并沿拖移的方向展开这种颜色,模拟类似于手指拖过湿油漆时的效果。

10. 历史记录画笔

历史记录画笔工具可以将图像恢复到编辑过程中的某一个步骤状态,或者将部分图像恢复为原样。该工具需要配合"历史记录"面板一同使用。

11. 历史记录艺术画笔

历史记录艺术画笔工具与历史记录画笔的工作方式完全相同,但它在恢复图像的同时会进行艺术化处理,创建出独具特色的艺术效果。

学习任务2 为图片校正色彩

任务描述

客户提供的照片因为光线问题看起来非常阴沉,设计师要求小王将图片的色彩校正一下,调整为晴天拍摄的照片效果。

任务目标

- 理解图像色彩校正的含义
- 根据需要结合色阶、曲线等命令进行图片的校正

任务分析

数码照片拍摄时,照片质量受到光线等环境因素的影响,例如,阴天光线暗淡,景物反差低,细节描绘能力不强。本任务针对此类照片做后期处理,可以将色彩不足、平淡、灰暗的照片调整为艳丽、明亮、通透、有层次感的照片,原图与效果图如图5-10、图5-11所示。

图5-10　原图

图5-11　效果图

任务实施

一、任务准备

1. 确保 Photoshop CS5 软件顺利运行。
2. 了解色彩校正的相关方法。

二、任务实施

1. 打开素材图片"草地风车.jpg",执行【图像】|【调整】|【亮度/对比度】命令,弹出亮度/对比度对话框,设置参数为亮度81,对比度-6,如图5-12所示。

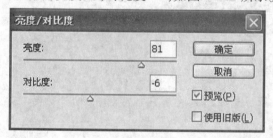

图5-12　亮度/对比度对话框

2. 执行【图像】|【调整】|【色相/饱和度】命令,弹出色相/饱和度对话框,如图5-13所示。

3. 单击"全图"下拉列表,选择"黄色",设置参数为色相13,饱和度65,如图5-14所示;选择"绿色",设置参数为色相3,饱和度54,如图5-15所示;文件效果如图5-16

所示。

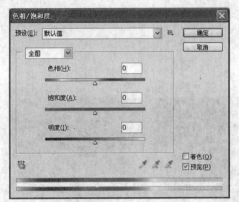

图 5-13 色相/饱和度对话框

图 5-14 "黄色"选项参数

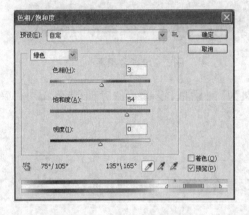

图 5-15 "绿色"选项参数

图 5-16 调整色相/饱和度效果图

4. 复制背景图层,将"背景副本"图层的混合模式改为"柔光",效果如图 5-17 所示。

图 5-17 更改混合模式后效果图

5.执行【图像】|【调整】|【曲线】命令,弹出曲线对话框,设置参数如图 5 – 18 所示,最终效果如图 5 – 19 所示。

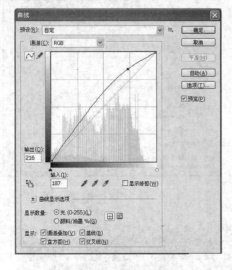

图 5 – 18　曲线对话框　　　　　　　图 5 – 19　效果图

6.单击【文件】|【存储为】命令,弹出"存储为"对话框,设置文件存储位置,单击"确定"按钮。

三、任务检测

对比处理前后的两张照片,查看色彩校正得是否符合晴天拍摄照片的效果。

 任务评价

评价项目	评价要素
色彩校正命令	掌握直方图、色相/饱和度、曲线等命令的使用方法
色彩校正	能够根据实际情况确定需要选择哪些命令搭配使用,进行色彩校正

 相关知识

数码照片在后期处理时,通常会利用颜色控制命令来对照片做调色和校色处理。熟练掌握图像色彩和色调的控制,才能对图像的效果做综合设置,从而完成高品质的作品。Photoshop 设置了丰富的图像颜色控制命令,这些命令集中在主菜单中【图像】|【调整】菜单下。

1.图像色调控制

图像的色调(也称色相)是人眼对多种波长的光线产生的彩色感觉,与色调相关的概念和命令主要有直方图、色阶、自动色阶、自动对比度、自动颜色、曲线、色彩平衡与亮度和对比度命令。

（1）直方图

直方图又称亮度分布图，在"直方图"中用图形表示像素在图像中的分布情况，显示所有图像色彩的分布情况，即在暗调、中间调和亮调（高光）中所包含像素的分布情况。

例如，当打开素材文件"直方图"时，单击【窗口】|【直方图】命令，可以打开直方图面板，如图 5 - 20 所示。

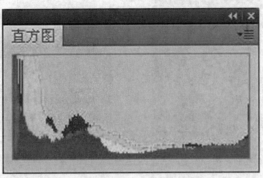

图 5 - 20　直方图面板

直方图用图形表示图像的每个亮度级别的像素数量，展示像素在图像中的分布情况。直方图的长度表示从左边的黑色到右边的白色 256 种亮度，直方图的高度表示此亮度的像素数量。直方图可以帮助用户确定某个图像是否有足够的细节来进行良好的校正。图像的亮度是指作用于人眼所引起的明亮程度，在图像处理中是指图像颜色的相对明暗程度。

（2）亮度和对比度命令

图像的对比度指不同颜色的差异程度，对比度越大，两种颜色之间差异越大，单击【调整】|【亮度/对比度】命令，弹出亮度/对比度对话框，如图 5 - 21 所示。

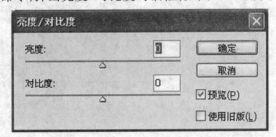

图 5 - 21　亮度/对比度对话框

亮度：用来调节图像的亮度（0 ~ 100）。

对比度：用来调节图像的对比度（0 ~ 100），向左移动滑块就会使图像的亮区更亮，暗区更暗，从而增加图像的对比度；向右移动就会使图像的亮区和暗区都向灰色靠拢，直至完全变成灰色。

（3）色阶命令

"色阶"命令可以精确调整图像中的明、暗和中间色彩，既可用于整个彩色图像，也可在每个彩色通道中进行调整。打开素材文件"色阶. jpg"（图 5 - 22），单击【图像】|

【调整】|【色阶】命令，显示色阶对话框，如图 5 - 23 所示。

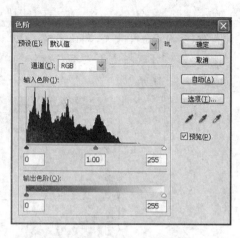

图 5 - 22　原图效果　　　　　　　　　　图 5 - 23　原图色阶对话框

　　"色阶"对话框中的图示表示了图像每个亮度值所含像素的多少，最暗的像素点在左边，最亮的像素点在右边。"输入色阶"用于显示当前的数值，"输出色阶"用于显示将要输出的数值。

　　通过滑尺可以调节色阶值，黑、白、灰三个色三角分别用于调整暗调、亮调和中间色。将原图的色阶对话框中暗调、亮调和中间色的数值调整为 3、163 以及 1.22，色阶对话框如图 5 - 24 所示，即可调整图片的明暗效果，效果如图 5 - 25 所示。

图 5 - 24　色阶　　　　　　　　　　　　图 5 - 25　调整色阶后效果图

　　(4)曲线

　　"曲线"命令与"色阶"命令都是用于调整图像的色调，但"色阶"仅对亮部、暗部和中间灰度进行调整，而"曲线"允许调整图像色调曲线上的任一点，可以校正图像，也可以产生特殊效果。单击【图像】|【调整】|【曲线】命令，显示曲线对话框，如图 5 - 26 所示。

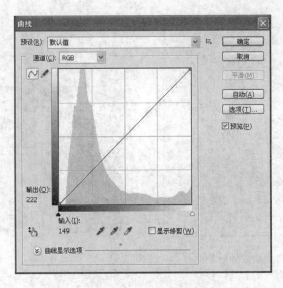

图 5 - 26　曲线对话框

曲线图:水平轴(X 轴)代表图像的输入值,为图像原亮度值;垂直轴(Y 轴)代表图像的输出值,是图像的新值。当对话框第一次打开时,所有的输入值都等于输出值(形成对角线)。在图表的原点输入色阶和输出色阶的值都为 0。

在图中可通过鼠标拖动改变曲线,向右移动输入值增加,向上移动则输出值增加。

在图中移动鼠标,显示不同点的色阶值;单击曲线,会显示该点的图像输入和输出的色阶数值。

可以直接拖动曲线和在下边相应对话框输入数值以调整图像的输入或输出色阶值。

亮度条:曲线图左边和下边的亮度条体现了图中亮区和暗区的过渡方向,在亮度条上单击就可以使黑色和白色对掉,而色调曲线也会随之反转。

例如,打开素材文件"曲线. jpg",如图 5 - 27 所示。

图 5 - 27　原图

单击【图像】|【调整】|【曲线】命令,调整曲线对话框,如图 5 - 28 所示,提高亮度后效果如图 5 - 29 所示。

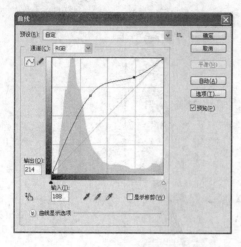

图 5-28　调整后曲线对话框　　　　　　　图 5-29　效果图

（5）色彩平衡

色彩平衡命令允许混合各种色彩来达到色彩平衡效果。单击【调整】|【色彩平衡】命令，弹出色彩平衡对话框，如图 5-30 所示。

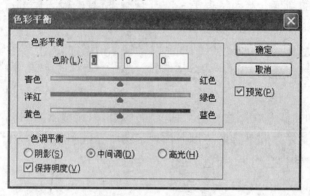

图 5-30　色彩平衡对话框

"色彩平衡"滑尺可调整相应颜色及其互补色的比例，滑尺的右边是该滑尺对应的基色，左边是该颜色的补色，拖动滑块图像增加某方向的颜色，而减少另一个方向的色彩。对话框的下半部分"色调平衡"中，"阴影""中间调""高光"的选择可针对图像的不同色调部分进行调整；"保持明度"选项用来确保亮度值不变。

2. 图像色彩控制

图像的色彩控制命令用于控制图像色彩。主要的色彩控制命令有色相/饱和度、去色、替换颜色、可选颜色、通道混合器与渐变映射等命令。

（1）色相/饱和度

图像的饱和度是指颜色的纯度，即掺入白光的程度，对于同一色调的彩色光，饱和度越高颜色越鲜明。单击【调整】|【色相/饱和度】命令，弹出色相/饱和度对话框，如图 5-31 所示。

图 5 – 31   色相/饱和度对话框

选择颜色,默认是"全图"选项,将会调整所有色彩。选择"着色"选项,色彩范围不起作用。

色相滑尺:色相值可在 – 180° ~ 180°范围内调整。若选择了"着色"选项,色相值会在 0° ~ 360°范围内进行调整。色相的调整改变图像颜色。

饱和度滑尺:一般情况下,饱和度的变化范围是 – 100 ~ 100,如果选择"着色"选项,饱和度就变成了一个绝对值,其变化范围是 0 ~ 100。

明度滑尺:明度滑尺的取值范围是 – 100 ~ 100,可以改变图像的亮度。

色谱:表示调整的色彩范围,上面为调整前的状态,下面一条是调整后的色谱。

吸管工具:在单色状态下可使用吸管工具调节色彩范围,选择吸管工具在图像某点单击鼠标,以确定相应颜色范围,会在两条色谱之间出现一个色彩范围标示,并且在"编辑"下拉列表中会显示为与所取值对应的色彩,然后可以用带加号的吸管工具或带减号的吸管工具在图像上单击,以扩大或缩小色彩范围。例如,打开素材"手镯.jpg"(图 5 – 32),调整手镯图片的色相/饱和度,然后将手镯中的宝石添加到选区后,分选区调整色相/饱和度命令,手镯的效果如图 5 – 33 所示。

图 5 – 32   手镯原图

图 5 – 33   色相/饱和度调整后效果图

（2）去色

执行命令会把图像的饱和度降为0,使图像变成灰度图像,它与系统主菜单"图像"中"模式"子菜单中的"灰度"命令具有类似的图像效果,只不过执行"灰度"命令后,图像的模式就变成灰度了,而"去色"命令仍然保留图像原有的彩色模式。

（3）替换颜色

"替换颜色"命令的作用是用其他颜色替换图像中的特定颜色,允许选择一定的色彩区域,然后调整该区域的色相及饱和度。

（4）可选颜色

"可选颜色"命令多用于调整 CMYK 图像中的色彩,也可用于 RGB 和 Lab 图像的色彩调整,该命令允许增减所用颜色的油墨百分比,并可分通道调整,即单独针对每种颜色区域进行调整,而不影响其他色区。

（5）通道混合器

将当前颜色通道中的像素与其他颜色通道中的像素按一定比例混合,以创建高品质、特效图像。

（6）渐变映射

"渐变映射"命令通过把渐变色映射到图像上来产生特殊的效果。

3. 颜色校正命令

颜色校正命令主要用于当前图像的颜色修整。主要有反相、阈值和色调分离与变化等命令。

（1）反相命令

单击【调整】|【反向】命令,执行反相命令。反相命令就是把每个像素的色彩反转为其互补的色彩,如同制作相片的负片。例如,对图 5－34 所示的图片执行反相命令,效果如图 5－35 所示。

图 5－34　广告欣赏原图　　　　　　图 5－35　执行反相命令效果图

（2）"阈值"命令

"阈值"命令会把所有的彩色依据其亮度值转变为黑色或者白色,从而使原图像变为高对比度的黑白图像。单击【调整】|【阈值】命令,弹出阈值对话框,"阈值"对话框的滑块用来调节图像的中间亮度值,把比这个值亮的色彩转变为白色,比这个值暗的色彩就转变为黑色。

例如,打开图5-36所示的素材文件"阈值.jpg",执行"阈值"命令后效果如图5-37所示。

图5-36　原图　　　　　　　　　　图5-37　执行阈值命令效果图

（3）变化

可以实现图像的色彩平衡、对比度和饱和度的调整,使用比较简单、直观。变化对话框中可看到界面是以多种效果图做成的。单击【调整】|【变化】命令,弹出变化对话框,如图5-38所示。

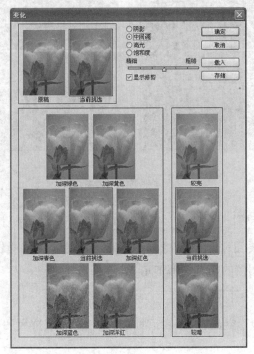

图5-38　变化对话框

单击每个缩略图即可显示加深某种颜色后的效果,也可以选择阴影、高光、中间调与饱和度等选项调整图像。

 单元小结

本单元主要介绍了图像编辑与修饰工具的使用方法、色彩校正相关命令的使用方法,以及在实际应用过程中的使用范围。通过这些工具可以将不同的图像经过编辑、修饰,处理出非常漂亮的效果,是平面设计中不可缺少的帮手。其中,图章工具组由仿制图章工具和图案图章工具组成,可以使用颜色或图案填充图像或选区,以得到图像的复制和替换;修复工具组可以将取样点的像素信息非常自然地复制到图像的其他区域,并保持图像的色相、饱和度和亮度以及纹理等属性,是一组快捷高效的图像修饰工具。

 综合测试

1. 使用下列选项中的( )修复图像中的污点时,要不断按住 Alt 键在污点周围单击以定义修复的源点。

   A. 【污点修复画笔工具】   B. 【修复画笔工具】

   C. 【修补工具】   D. 【红眼工具】

2. 在原稿(左图)中选取一个局部定义为图案后,应用下列选项中的( )可以得到如右图所示的(蝴蝶图形)整齐重复排列效果。

 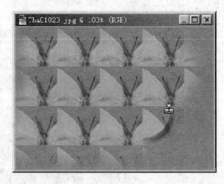

   A. 【修补工具】   B. 【历史记录艺术画笔工具】

   C. 【图案图章工具】   D. 【仿制图章工具】

3. 图像修饰类工具主要用来调整图像局部的亮度、暗度及色彩饱和度,下列选项中的( )工具可以使图像的暗调局部加重。

   A.   B.   C.   D.

4. 某些照片拍摄时主题不突出,可以在后期通过( )来拉大图像的空间感,以达到突出主题人物的目的。

   A. 应用 【涂抹工具】将图像背景进行模糊处理,以突出位于前景的主题

B. 应用 △【锐化工具】对前景人物进行增大清晰度的处理

C. 应用 ◊【模糊工具】将图像背景进行模糊处理,以突出位于前景的主题

D. 整体加强图像的明暗对比

5. 新调整图层和新填充图层都是比较特殊的图层类型,运用它们可以达到快速调整图像色调的目的,如果要更改调整或填充的内容,可以执行(　　)命令。

A.【图层】/【图层属性】　　　　　　　B.【图层】/【图层样式】

C.【图层】/【图层内容选项】　　　　　D.【图层】/【栅格化】

6. 下列图层类型中能够添加图层蒙版的是(　　)。

A. 文字图层　　　　B. 图层组　　　　C. 透明图层　　　　D. 背景图层

7. Alpha 通道的主要用途是(　　)。

A. 保存图像的色彩信息　　　　　　　B. 进行通道运算

C. 用来存储和建立选择范围　　　　　D. 调节图像的不透明度

8.【通道】面板中的 ◙ 图标按钮主要的功能是(　　)。

A. 将通道作为选区载入　　　　　　　B. 将选区存储为通道

C. 创建新通道　　　　　　　　　　　D. 创建新专色通道

9. 在实际工作中,常常采用(　　)的方式来制作复杂及琐碎图像的选区,如人和动物的毛发等。

A. 钢笔工具　　　　B. 套索工具　　　　C. 通道选取　　　　D. 魔棒工具

10. Photoshop 中多处涉及蒙版的概念,例如:快速蒙版、图层蒙版等,所有这些蒙版的概念都与(　　)的概念相类似。

A. Alpha 通道　　　B. 颜色通道　　　　C. 复合通道　　　　D. 专色通道

第六单元　网页效果图制作

单元概述

　　网页是构成网站的基本元素,是承载各种网站应用的平台。网页效果图是一个网页页面的图片表现形式,多用于建站前期。网站制作人员在了解客户需求之后,要根据客户需求起草网站策划书,客户同意策划方案后,网站美工要制作出若干张"网页效果图",图片格式多为.jpg、.psd、.png,用户选取一张用来做模型,或者根据用户意见再次修改效果图,直到用户满意。效果图设计是网站项目开发中非常重要的一环,通过效果图,客户可以把自己想展示的内容以图像的方式表现出来,因此效果图设计阶段是网站开发中最繁杂、最漫长的阶段,往往要占据项目开发时间的三分之一甚至三分之二。

　　本单元将引导学生完成商业网站中网页效果图的制作,涉及 Photoshop 软件的相关知识包括蒙版、通道、滤镜的相关知识点。

学习任务 *1* 制作网页 Banner

‖ 任务描述 ‖

小王是一家网站制作公司的助理设计师,处于实习阶段。公司要为一家旅游公司制作网站,设计师要求小王为网站制作首页的 banner,素材已经选好,小王负责复杂的设计与制作任务。

‖ 任务目标 ‖

- 能根据用户需要设计网页的 Banner
- 理解蒙版的原理与作用
- 理解通道的原理与作用
- 掌握滤镜的使用方法

‖ 任务分析 ‖

网页 Banner 的制作主要由两幅图像合成而来,在制作过程中要注意图像无痕拼接的技巧,掌握蒙版的使用方法。

‖ 任务实施 ‖

一、任务准备

1.确保 Photoshop CS5 软件顺利运行。

2.确保找到合适的素材。

二、任务实施

1.执行【开始】|【程序】命令,单击"Adobe Photoshop CS5"启动软件。

2.单击【文件】|【新建】命令,弹出"新建"对话框,如图 6 – 1 所示。

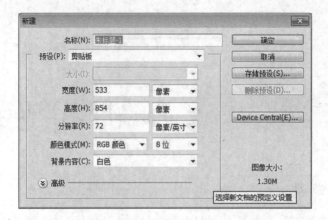

图6-1 "新建"对话框

3.在"名称"文本框中输入"banner"文字,将"宽度"文本框的数值改为800 px,高度改为300 px,单击"确定"按钮,新建"banner"文件。

4.单击【文件】|【打开】命令,打开"打开文件"对话框;找到"配套素材文件"|"单元六"文件夹,打开"Banner背景.jpg"文件。

5.选择移动工具,将Banner背景文件移动到新建的"banner"文件中,效果如图6-2所示。

图6-2 效果图

6.打开素材文件"banner人物.jpg",选择移动工具,将图片移动到banner文件的最右侧,效果如图6-3所示。

图6-3 效果图

7. 单击图层面板下方的添加蒙版图标  为"图层 2"添加蒙版,添加蒙版后图层面板如图 6-4 所示。

图 6-4 添加蒙版后图层面板

8. 设置前景色为黑色(RGB 数值都为 0),选择画笔工具,设置硬度 0,笔尖直径为 80 px,在人物周围涂抹;不断调整直径描绘图片。添加蒙版后,图片效果如图 6-5 所示,图层面板如图 6-6 所示。

图 6-5 添加蒙版后效果

图6-6 图层面板

9. 选择矩形选框工具,在文件下方画出宽度 800 px,高度 5 px 左右的矩形,如图 6-7 所示。

图6-7 效果图

10. 新建图层 4,单击【窗口】|【通道】命令,打开通道面板,单击"将选区保存为通道"按钮 ,创建 Alpha 通道,通道面板如图 6-8 所示。

图6-8 通道面板

11. 取消选择,单击 Alpha1 通道,效果如图 6-9 所示。

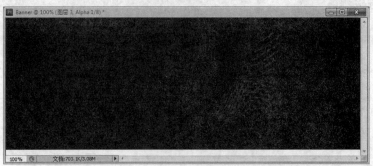

图 6-9 效果图

12. 单击【滤镜】|【画笔描边】|【喷溅】命令,弹出喷溅对话框,设置参数为喷色半径 14,平滑度为 2,如图 6-10 所示。

图 6-10 喷溅对话框

13. 单击"确定"按钮后,单击通道面板的"将通道转为选区"按钮创建选区。

14. 选择 RGB 通道,单击图层 3,设置前景色为白色,填充前景色,做出撕边效果如图 6-11 所示。

图 6-11 填充前景色效果

15. 执行【文件】|【存储为 Web 和设备所用格式】命令,弹出"存储为 Web 和设备所用格式"对话框,单击"存储"按钮,设置图片存储位置,单击"保存"按钮,完成图片制作。

三、任务检测

双击"Banner.gif"文件,查看是否能够在浏览器中顺利显示。

 任务评价

评价项目	评价要素
蒙　版	理解蒙版的原理,掌握使用蒙版做图像的无痕拼接效果
通　道	理解通道的原理与作用

相关知识

1. 图层蒙版

蒙版是传统暗房中控制照片不同区域曝光度的技术,Photoshop 中的蒙版是用来控制图像显示区域的一项功能,可以用它来隐藏不想显示的区域,但不会删除这些内容,只需将蒙版删除便可以恢复图像。因此,用蒙版处理图像是一种非破坏性的编辑方式。

Photoshop 的蒙版一般分为两个大类,一类作用于创建选区,工具包含快速蒙版、横排文字蒙版工具、直排文字蒙版工具;另一类作用于为图层创建透明区域,包含图层蒙版、矢量蒙版、剪贴蒙版。

图层蒙版主要用于合成图像。此外,我们创建调整图层、填充图层或者应用智能滤镜时,Photoshop 也会自动为其添加蒙版,因此,图层蒙版可以控制颜色调整和滤镜范围。

执行【图层】|【图层蒙版】|【显示全部】,可以创建一个显示图层内容的白色蒙版。

执行【图层】|【图层蒙版】|【隐藏全部】,可以创建一个隐藏图层内容的黑色蒙版。

在"图层"面板上单击"添加图层蒙版"按钮 ⬚ 即可创建一个空白蒙版,如图 6－12所示。

图 6－12　白色蒙版

使用画笔、加深、减淡、涂抹等工具修改图层蒙板时,可以选择不同样式的笔尖,此外,还可以用各种滤镜编辑蒙版,得到特殊的图像合成效果。

2.通道

通道是 Photoshop 最为核心的功能之一,虽然没有通过菜单的形式出现,但它所表现的存储颜色信息和选择范围的功能非常强大。在通道中可存储选区、单独调整通道的颜色、进行应用图像以及计算命令的高级操作。

通道作为图像的组成部分,与图像的格式密不可分,图像颜色、格式的不同决定了通道的数量和模式,在通道面板中可以直观地看到。

(1)通道的类型

Photoshop 中包含 3 种类型的通道,即颜色通道、专色通道和 Alpha 通道,当打开一个图像时,Photoshop 会自动创建颜色信息通道。

1)复合通道:复合通道不包含任何信息,它只是同时预览并编辑所有颜色通道的一个快捷方式。通常被用来在单独编辑完一个或多个颜色通道后使通道面板返回到它的默认状态。平常所进行的操作都是针对复合通道的,在编辑复合通道时,将影响所有的颜色通道。

2)颜色通道:颜色通道记录了图像的打印颜色和显示颜色。图像的颜色模式决定了颜色通道的数量,RGB 图像包含了 3 个通道(红、绿、蓝)和一个用于编辑图像的复合通道;CMYK 图像包含 4 个通道(青色、洋红、黄色、黑色)和一个复合通道;Lab 图像包含 3 个通道(明度、a、b)和一个复合通道;位图、灰度、双色调和索引颜色图像都只有一个通道。如图 6 – 13、6 – 14 和图 6 – 15 所示。

图 6 – 13　RGB 颜色模式的通道

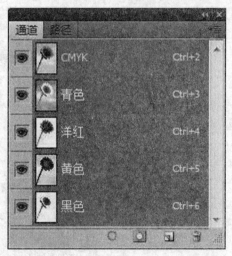

图 6 – 14　CMYK 颜色模式的通道

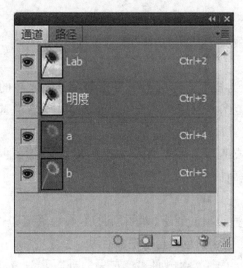

图 6-15　lab 颜色模式的通道

　　3）专色通道：专色通道是一种特殊的颜色通道，可以使用除了青色、洋红、黄色、黑色以外的颜色来绘制图像。专色是特殊的预混油墨，例如金属质感的油墨、荧光油墨等。它们用于替代和补充普通的印刷油墨。在"通道"面板中单击扩展按钮，在菜单中选择"新建专色通道"命令，即可新建专色通道。

　　4）Alpha 通道：用来保存选区。可以使用绘画工具和滤镜来编辑该通道，从而对选区进行修改。在 Photoshop 中制作出的各种效果都离不开 Alpha 通道。

　　（2）创建通道

　　单击"通道"面板底部的"创建新通道"按钮 ▣ ，即可新建一个 Alpha 通道，如图 6-16 所示。

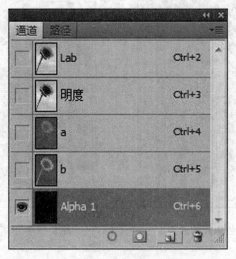

图 6-16　新建通道

　　如果当前文档中创建了选区，如图 6-17 所示，则单击"将选区存储为通道"按钮 ▣ ，可以将选区保存到 Alpha 通道中，如图 6-18 所示。

图 6-17　选区　　　　　　　　　　图 6-18　将选区存储为通道

（3）选择与编辑通道

单击"通道"面板中的一个通道即可选择该通道，此时窗口图像中会显示该通道的灰度图像。

如果按住 Shift 键单击其他通道，则可以选择多个通道，此时图像窗口中显示的是这些通道的复合结果。

选择通道后，可以使用绘画工具或者滤镜工具对它们进行编辑。当编辑完一个或多个通道后，如果想要返回到默认的状态来查看彩色图像，则可以单击复合通道，这时，所有的颜色通道重新被激活。

（4）复制与删除通道

将所需要复制的通道拖动到"创建新通道"按钮 上，即可复制该通道。选择需要删除的通道后，单击"删除当前通道"按钮 ，或者将该通道拖动到"删除当前通道"按钮 上，即可将其删除。

如果被删除的通道是颜色通道，则图像会转换为多通道模式，多通道模式不支持图层，因此，图像中所有的图层都会拼合为一个图层。

（5）通道的分离与组合

1）分离通道：分离通道是将图像中的所有通道分离成多个独立的图像。一个通道对应一幅图像。分离后，原始图像将自动关闭。对分离的图像进行加工，不会影响原始图像。在进行分离通道的操作以前，一定要将图像中的所有图层合并到背景图层中。如果图像有多个图层，则应单击【图层】|【拼合图像】命令，将所有图层合并到背景图层中，然后单击"通道"调板菜单中的"分离通道"菜单命令。

2）合并通道：合并通道是将分离的各个独立的通道图像再合并为一幅图像。执行"通道"调板菜单中的"合并通道"菜单命令。

学习任务 2 制作网页效果图

任务描述

设计师对小王制作的网页 banner 比较满意,要求小王继续制作网页效果图。在网页效果图中要求包含页面导航、功能模块等完整的组成元素。

 ## 任务目标

- 理解滤镜的含义
- 掌握各种滤镜的使用方法

 ## 任务分析

本次任务为网站制作首页效果图,小王就必须考虑网站首页有哪些元素是必须出现的,并且要设计好网页的布局与配色。由于这是本书的最后一个实例,所以只给出每一步的参考效果图,大家可以按照自己的实际想法完成实际的效果图制作。

 ## 任务实施

一、任务准备

1. 确保 Photoshop CS5 软件顺利运行。
2. 设计好网页布局。

二、任务实施

1. 执行【开始】|【程序】命令,单击"Adobe Photoshop CS5"启动软件。
2. 单击【文件】|【新建】命令,弹出"新建"对话框,如图 6-19 所示。
3. 在"名称"文本框中输入"网页效果图"文字,将"宽度"文本框的数值改为 800 px,高度改为 600 px,单击"确定"按钮,新建"banner"文件。

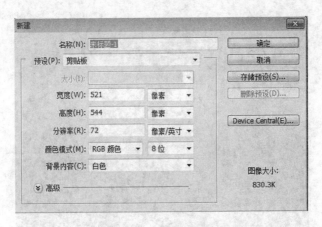

图 6-19 "新建"对话框

4. 按照网页的内容确定好网页的布局。首先制作网页导航栏的效果图,这部分内容由文字和分割线两部分组成,分割线的效果如图 6-20 所示。

图 6-20 分割线效果图

5. 选择文字工具,在分割线之间添加文字,完成导航栏的效果制作。效果如图 6-21 所示。

图 6-21 导航栏效果图

6. 单击【文件】|【打开】命令,打开"打开文件"对话框,找到"配套素材文件"|"单元六"文件夹,打开"Banner.jpg"文件,将图片移动到网页效果图中,效果如图 6-22 所示。

图 6-22 加入图片后网页效果图

7. 选择文字工具,在网页下方确定板块内容,并将板块的背景填充为比底色稍淡的颜色,效果如图 6-23 所示。

图 6 - 23　添加版块后效果图

8.执行【文件】|【存储为 Web 和设备所用格式】命令,弹出"存储为 Web 和设备所用格式"对话框,单击"存储"按钮,设置图片存储位置,单击"保存"按钮,完成图片制作。

三、任务检测

双击"网页效果图.gif"文件,查看是否能够在浏览器中顺利显示。

 任务评价

评价项目	评价要素
文字工具	设置不同文字效果
图层样式	掌握图层样式添加方法

相关知识

1.滤镜

使用滤镜功能可以对图像画面进行高级处理,也可以制作画面的特殊效果。Photo-shop CS5 提供了近百种滤镜,各种滤镜的效果不同,分组归类后存放在菜单栏的"滤镜"主菜单中,如图 6 - 24 所示。

(1)上次滤镜操作

在执行某一滤镜后,若效果不能一步到位,需要重复执行相同的滤镜,可以选择该命令,也可以通过组合键 Ctrl + F 重复执行上次滤镜操作。在此操作中,不会改变上次滤镜设置的参数。只有执行任意滤镜命令后,该选项可用,否则呈灰白状态。

(2)滤镜库

滤镜库可提供许多特殊效果滤镜的预览。用户可以应用多个滤镜、打开或关闭滤镜的效果;复位滤镜的选项以及更改应用滤镜的顺序。如果用户对预览效果满意,可以将效果应用于图像。滤镜库提供了大多数滤镜效果,但不是包括所有滤镜。

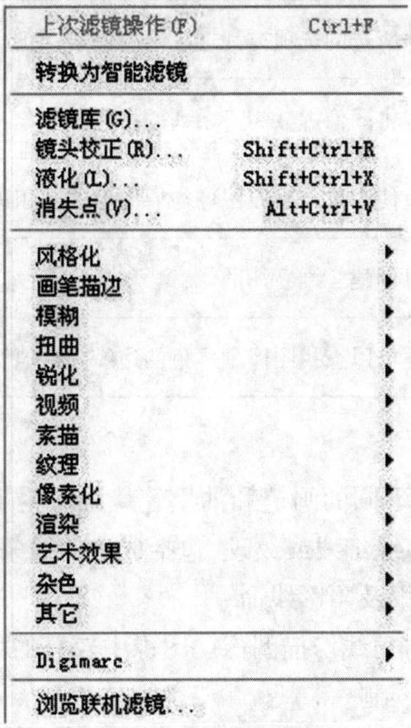

上次滤镜操作(F)	Ctrl+F
转换为智能滤镜	
滤镜库(G)...	
镜头校正(R)...	Shift+Ctrl+R
液化(L)...	Shift+Ctrl+X
消失点(V)...	Alt+Ctrl+V
风格化	▶
画笔描边	▶
模糊	▶
扭曲	▶
锐化	▶
视频	▶
素描	▶
纹理	▶
像素化	▶
渲染	▶
艺术效果	▶
杂色	▶
其它	▶
Digimarc	▶
浏览联机滤镜...	

图6-24 滤镜菜单

(3)液化

"液化"滤镜可用于推、拉、旋转、反射、折叠和膨胀图像的任意区域,是修饰图像和创建艺术效果的强大工具。

2.部分滤镜功能

(1)风格化滤镜

风格化滤镜主要作用于图像的像素,可以产生不同风格的印象派艺术效果。单击【滤镜】|【风格化】命令,弹出所有风格化滤镜组的命令,包括查找边缘、等高线、风、浮雕效果、扩散、拼贴、曝光过度、凸出、照亮边缘等命令。部分滤镜功能见表6-1。

表6-1

查找边缘	查找边缘滤镜可以强调图像的轮廓,用彩色线条勾画出彩色图像边缘,用白色线条勾画出灰度图像边缘
等高线	等高线滤镜可以查找图像中主要亮度区域的过渡区域,对每个颜色通道用细线勾画这些边缘
风	风滤镜可以在图像中创建细小的水平线以模拟风效果
浮雕	浮雕滤镜可以将图像的颜色转换为灰色,并用原图像的颜色勾画边缘,使选区显得突出或下陷

（续表）

扩散	扩散滤镜根据所选的选项搅乱选区内的像素,使选区看起来聚焦较低
拼贴	拼贴滤镜可以将图像拆散为一系列的拼贴
曝光过度	曝光过度滤镜使图像产生原图像与原图像的反相进行混合后的效果
凸出	凸出滤镜可以创建三维立体图像
照亮边缘	照亮边缘滤镜可以查找图像中颜色的边缘并给他们增加类似霓虹灯的亮光

（2）画笔描边

画笔描边滤镜可以使用不同的画笔和油墨笔接触产生不同风格的绘画效果,可以对图像增加颗粒、绘画、杂色、边缘细线或纹理,包括成角的线条、墨水轮廓、喷溅、喷色描边、强化的边缘、深色线条、烟灰墨及阴影线命令。

1）成角的线条:可以用对角线修描图像。图像中较亮的区域用一个线条方向绘制,较暗的区域用相反方向的线条绘制。

2）墨水轮廓:墨水轮廓滤镜使用细的、窄线条采用笔和墨水样式重新绘制图像的原始细节。可以设置描边长度、暗和亮的强度级别。

3）喷溅:可以产生与喷枪喷绘一样的效果。喷色描边可以产生斜纹的喷色线条。

4）喷色描边:使用图像的主导色,用成角的、喷溅的颜色线条重新绘画图像,可以产生一种按一定方向喷洒水花的效果。

5）强化的边缘:可以强化图像的边缘。当边缘亮度控制被设置为较高的值时,强化效果与白色粉笔相似;亮度设置为较低时,强化效果与黑色油墨相似。

6）深色线条:使用短、密的线条绘制图像中与黑色接近的深色区域,并用长的、白色线条绘画图像中较浅的颜色。

7）烟灰墨:可以在原来的细节上用精细的细线重绘图像,用的是钢笔油墨风格。

8）阴影线:可以模拟铅笔阴影线为图像添加纹理,并保留原图像的细节和特征。对话框中的"Strength"选项以控制阴影线通过的数量。

（3）模糊

可以模糊图像,这对修饰图像非常有用。模糊的原理是将图像中要模糊的硬边区域相邻近的像素值平均而产生平滑的过滤效果,主要有表面模糊、动感模糊、高斯模糊、进一步模糊、径向模糊、特殊模糊。

（4）扭曲

可以对图像进行几何变化,以创建三维或其他变换效果。

1）波浪:可以产生多种波动效果。该滤镜包括 Sine（正弦波）、Triangle（锯齿波）和 Square（方波）等三种波动类型。

2）波纹:可以在图像中创建起伏图案,模拟水池表面的波纹。

3）玻璃：使图像好像是透过不同种类的玻璃观看的。应用此图案可以创建玻璃表面。

4）海洋波纹：可以为图像表面增加随机间隔的波纹，使图像看起来好像在水面上。

5）极坐标：可以将图像从直角坐标转换成极坐标，反之亦然。

6）挤压：可以挤压选区。

7）切变：可以沿曲线扭曲图像。

8）球面化：可以将图像产生扭曲并伸展它，以产生将图像包在球面（或柱面）上的立体效果。

9）水波：可以径向地扭曲图像，产生径向扩散的圈状波纹。

10）旋转扭曲：可以使图像中心产生旋转效果。

11）置换：可以根据选定的置换图来确定如何扭曲选区。

（5）锐化

锐化可增强图像中的边缘定义。无论您的图像来自数码相机还是扫描仪，大多数图像都受益于锐化。所需的锐化程度取决于数码相机或扫描仪的品质。请记住，锐化无法校正严重模糊的图像。锐化图像时，请使用"USM 锐化"滤镜或"智能锐化"滤镜以便更好地进行控制。尽管 Photoshop 还有"锐化"、"锐化边缘"和"进一步锐化"滤镜选项，但是这些滤镜是自动的，不提供控制和选项。

 单元小结 ··

本单元制作了一个简单的网页效果图，引导读者理解通道、蒙版、滤镜等相关的知识点。在网页设计过程中，往往需要一些特殊的效果美化网页，如虚线、变幻线、阴影、圆角表格、异型表格装饰等等。这些内容可以先在 Photoshop 中绘制相应效果，然后裁切成小图片在 Dreamweaver 中进行整合。在网页设计中，最常用的字体是黑体和宋体，其他的字体在客户浏览器中可能不支持，为了保证客户所看到的网页效果与设计效果一致，对于标题、广告等需要使用特殊字体的内容，都需要在 Photoshop 中设计好后，转换成图像文件整合到网页中。在设计网页特效时，滤镜也是比较常用的知识点，大家要对各种滤镜的功能以及组合使用产生的效果认真体会。

综合测试 ··

1.下列选项中的（　　）命令可以参照另一幅图像的色调来调整当前的图像。

　　A.【替换颜色】　　　　　　　　　　B.【匹配颜色】

　　C.【照片滤镜】　　　　　　　　　　D.【可选颜色】

2.在进行图像编辑时，在【通道】面板中单击　按钮创建的新通道都是（　　）。

　　A. 复合通道　　　　　　　　　　　B. 专色通道

　　C. 颜色通道　　　　　　　　　　　D. Alpha 通道

3. 应用【矢量绘图工具组】中的工具进行绘图时,每绘制一个图形 (或一条直线),便会在右图所示的【图层】面板中自动增加一个 【形状层】的原因是( )。

A. 在属性栏中点中了  图标

B. 在属性栏中点中了 图标

C. 在属性栏中点中了 图标

D. Photoshop 中矢量图形都会自动形成形状层

4. 右图所示的地面图案形成了近大远小的效果,这是通过 ( )变形操作生成的。

A.【编辑】/【变换】/【放缩】

B.【编辑】/【变换】/【斜切】

C.【编辑】/【变换】/【透视】

D.【编辑】/【变换】/【变形】

5. 当浮动选区转换为路径时,在【路径】面板中自动创建的路径状态是( )。

A. 剪贴路径   B. 开放的子路径

C. 工作路径   D. 形状图层

6.【色阶】命令是通过输入或输出图像的亮度值来改变图像的品质的,其亮度值的取值范围为( )。

A. 0 ~ 50   B. 0 ~ 100

C. 0 ~ 255   D. 0 ~ 150

7.【模糊】菜单中的( )命令使模糊后图像像素更加平滑,因此经常被用来处理艺术照片的朦胧效果。

A.【特殊模糊】   B.【表面模糊】

C.【方框模糊】   D.【镜头模糊】

8. 在【变形文本】对话框中提供了很多种文字弯曲样式,下列选项中的( )不属于 Photoshop中的弯曲样式。

A.【扇形】   B.【拱形】

C.【放射形】   D.【贝壳形】

9. 当你在 Photoshop 里面改变了(比如缩小)图像分辨率的时候,图片的信息量和清晰度却没有变化,可能的原因是( )。

A. 在【图像大小】对话框中改变分辨率时,勾选了【重定图像像素】选项

B. 在【图像大小】对话框中改变分辨率时,没有勾选【重定图像像素】选项

C. 减小分辨率对图像清晰度的影响不大

D. 在【画布大小】对话框中改变分辨率时,没有勾选【重定图像像素】选项

10. 在【色相/饱和度】对话框中,要将图 A 处理为图 B 或图 C 所示的单一色调效果,正确的调节方法是(   )。

图A   图B   图C

A. 调整【色相】参数,使图像偏品红色调

B. 将【饱和度】和【明度】数值减小

C. 勾选【着色】复选框,然后调节【色相】和【明度】参数

D. 将红通道的【饱和度】数值减小

综合测试答案

第一单元　网站背景制作

　1.C　2.D　3.B　4.A　5.D　6.C　7.B　8.C　9.D　10.D

第二单元　网站广告条制作

　1.B　2.D　3.C　4.A　5.C　6.B　7.A　8.D　9.A　10.D

第三单元　网站按钮制作

　1.B　2.C　3.D　4.B　5.B　6.A　7.D　8.D　9.D　10.D

第四单元　矢量元素处理

　1.C　2.B　3.A　4.A　5.A　6.B　7.A　8.C　9.B　10.C　11.A　12.C　13.C

14.B　15.B　16.D　17.A　18.B　19.C　20.B

第五单元　图像修复与调色

　1.B　2.C　3.D　4.C　5.C　6.A　7.C　8.B　9.C　10.A

第六单元　网页效果图制作

　1.B　2.D　3.A　4.C　5.C　6.C　7.B　8.C　9.B　10.C

图书在版编目（CIP）数据

图形图像处理/尤凤英,刘洪海,肖仁锋主编. —
济南:山东科学技术出版社,2016.12
ISBN 978 - 7 - 5331 - 8230 - 4

Ⅰ.①图… Ⅱ.①尤…②刘…③肖… Ⅲ.①图象
处理软件 – 中等专业学校 – 教材 Ⅳ.①TP391.41

中国版本图书馆 CIP 数据核字(2016)第 091814 号

图形图像处理

主编　尤凤英　刘洪海　肖仁锋

主管单位: 北京出版集团有限公司
山东出版传媒股份有限公司
出 版 者: 北京出版社
山东科学技术出版社
地址:济南市玉函路 16 号
邮编:250002　电话:(0531)82098088
网址:www. lkj. com. cn
电子邮件:sdkj@ sdpress. com. cn
发 行 者: 山东科学技术出版社
地址:济南市玉函路 16 号
邮编:250002　电话:(0531)82098071
印 刷 者: 山东金坐标印务有限公司
地址:莱芜市嬴牟西大街 28 号
邮编:271100　电话:(0634)6276023

开本:787mm×1092mm　1/16
印张:10.5
字数:248 千
印数:1 - 2000
版次:2016 年 12 月第 1 版　2016 年 12 月第 1 次印刷

ISBN 978 - 7 - 5331 - 8230 - 4
定价:24.8 元